あなたの知らない

食虫植物の世界

驚きの生態から進化の秘密まで、
その魅力のすべて

野村康之 著

口絵①　ラフレシア・ケイティー（左）。ラフレシアは食虫植物や食人植物だと勘違いされやすい。ラフレシアは寄生植物であり、生育に必要な養分をほかの植物に依存している。ギンリョウソウ（右）。ギンリョウソウは菌従属栄養植物（腐生植物）であり生育に必要な養分を菌根菌に依存している。

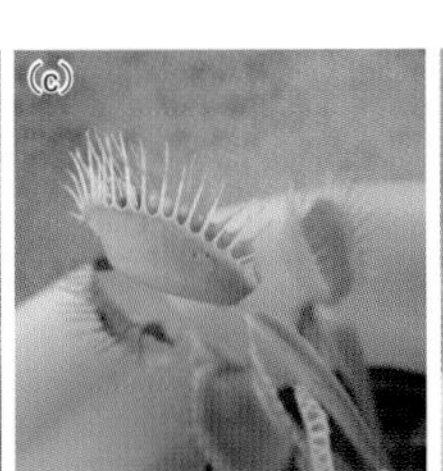

口絵②　ハエトリグサの待機状態（a）から捕獲（b）、分解・吸収（c）、分解終了（d）まで。分解後、捕虫器にはガの外骨格のみが残っている。

口絵③　食害者からの防御の事例。ムシトリナデシコ（左）とその粘着部（矢印）（右）。

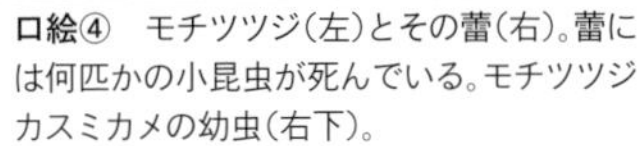

口絵④　モチツツジ（左）とその蕾（右）。蕾には何匹かの小昆虫が死んでいる。モチツツジカスミカメの幼虫（右下）。

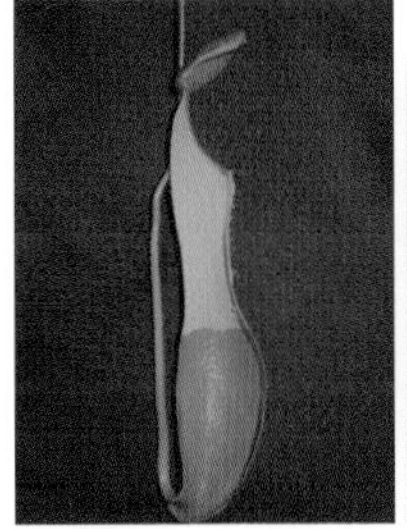

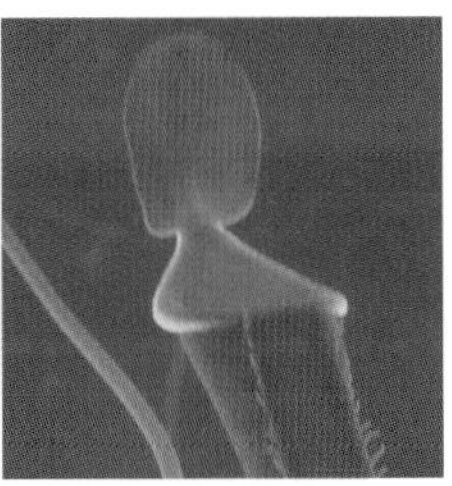

口絵⑤　ネペンテス・アラタの捕虫器の断面（左）。白く粉がふいたように見える部分ははがれやすいワックス層に覆われた部分である。それより下部の部分は消化腺と吸収腺が集まっている。紫外線照射時におけるネペンテス・アラタの口縁部の青色蛍光（右）。

口絵⑥　ドロセラ・アデラエ。光を反射しているのは粘液。

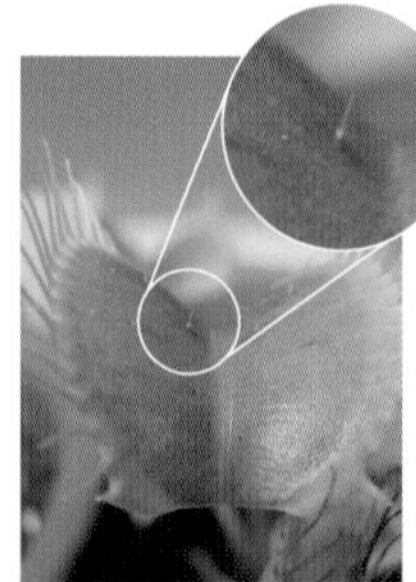

口絵⑦　ハエトリグサ。中央部に感覚毛が見える。

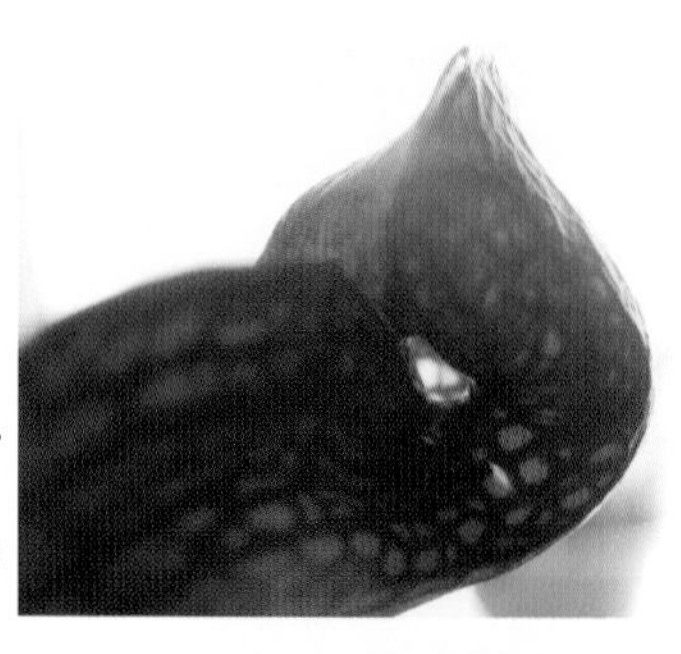

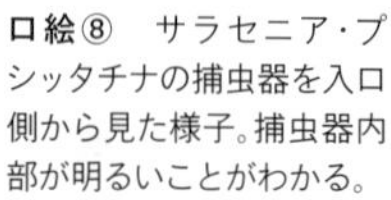

口絵⑧　サラセニア・プシッタチナの捕虫器を入口側から見た様子。捕虫器内部が明るいことがわかる。

口絵⑨　ロリドゥラ・ゴルゴニアス 。例外的に木質化する。

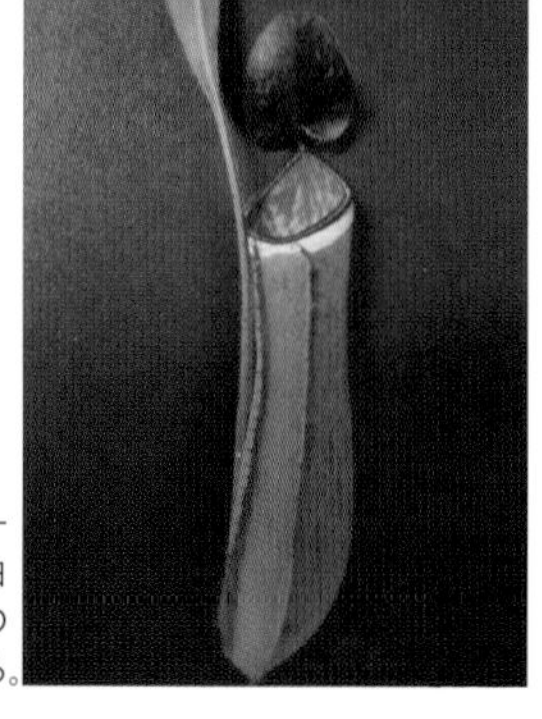

口絵⑩　ネペンテス・アルボマーギナタの捕虫器。口縁部周りの白い毛はシロアリに消費され、その過程で多くのシロアリを捕らえる。

口絵⑪　トケイソウ属の苞の比較。クダモノトケイソウ（左）、クサトケイソウ（右）。クダモノトケイソウの苞の蜜腺をアリがなめにきている。

口絵⑫　生育段階に応じて食虫性を失うドロセラ・カドゥカ。成熟すると葉柄が発達した偽葉となって、捕虫部位（葉身）がなくなる。

口絵⑬　葦毛湿原に生育するコタヌキモ。本来は、葦毛湿原にコタヌキモは生育しておらず、国内外来種であると考えられる。

口絵⑭　食虫植物の生育場所の一例とそこで見られる食虫植物。(a)富山県の弥陀ヶ原(高層湿原)とモウセンゴケ、(b)和歌山県の田原湿地(湖沼)とイヌタヌキモ、(c)栃木県の庚申山(岩壁)とコウシンソウ、および(d)ボルネオのマシラウ(塩基性土壌)とネペンテス・バービッジアエ。湿原は水が流れ込み常に湿っている。湖沼は、湿原と並ぶ食虫植物の代表的な生育地である。また、田原湿地の水は典型的なブラックウォーターである。明るく水が滴るような岩壁には、食虫植物がみられることがある。マシラウのウツボカズラ属自生地は荒れ山のような土地であり、保水性の低そうな環境だが、標高が高く、水はしばしば降る雨と発生する霧から供給されると思われる。

口絵⑮　壱町田湿地に設置された灌漑設備。

口絵⑯　岡山県藤ヶ鳴湿原における生育状況。

口絵⑰　(a)深泥池の様子と自生している(b)タヌキモ、(c)ホザキノミミカキグサ、(d)イトタヌキモ(注意:黄色い花とその下部にある緑色の繊維状部分。丸い葉はタテバチドメグサと呼ばれる別の植物であり、外来植物である)。

口絵⑱　(a)コウシンソウ、(b)フサタヌキモ。いずれも、日本固有種である。(c)コウシンソウは花茎にも粘液を分泌し、蟲を捕らえているようである。(d)フサタヌキモは他の日本産浮遊性タヌキモ類と比較して、ほとんど捕虫器を形成しないのが特徴。

……今この瞬間、世界のあらゆる種の起源よりもモウセンゴケのほうが
気がかりなのだ。

——一八六〇年一一月二四日　チャールズ・ダーウィンから
チャールズ・ライエルに宛てた手紙より

はじめに——日本での食虫植物の認知度について

世界にはさまざまな場所に植物が生育しており興味深い種も多い。そのなかでも食虫植物はひときわ目を惹き、そして魅力的な植物群である。巻頭のエピグラムは、自然選択による進化論をうちたてたチャールズ・ダーウィンが手紙のなかで述べた言葉である。その発言を見てもわかるように、ダーウィンは食虫植物であるモウセンゴケにそうとうな興味を示していたようだ。『種の起源』は彼の著書のなかであまりに有名なものであるが、じつは『食虫植物』という本も出版している。食虫植物研究においてダーウィンの果たした役割はとても大きい。

生物に携わる者以外にも、その名前くらいは広く知られているダーウィン、そして彼を虜にした食虫植物であるが、一方で食虫植物の正しい知識が日本で一般に浸透しているかといえば、きっとそうではない。食虫植物の存在自体は比較的多くの人が認識しているが、「食虫植物がどんな植物か」を理解している人は少数だ。なかには〝植物が積極的に生物に襲いかかる〟というイメージが根強い人も見受けられる。本書で何度も登場するハエトリグサの、あの素早い動きが大きな影響を与えているのであろうと私は考えている。もしくは植物が動物を「喰う」という、一般の人から見れば衝撃的な事実がそういうことを想起させるのかもしれない。しかし、第2章と第3章で述べるが、ほとんどの食虫植物はまったく動かず、動きのある食虫植物は少数派である。また、すべての食虫植物は罠を利用する、すなわち獲物が罠にかかるのを待ち伏せているのであり、獲物に「襲いかかる」ことはない。

これらの現象は、多くの人が食虫植物の生態に関する正しい情報にアクセスできていない、という現状があるように思う。また、二〇二〇年より以前は日本語で書かれた生態学・進化学の書籍は乏しかったといわざるをえないだろう。日本においてはむしろ園芸書が充実している傾向が強かった。それゆえ、これまでは日本の栽培家たちの努力によって、食虫植物の知識の普及が牽引されてきた側面がある。なかには口伝で伝わるのみで、学術書に残っていない貴重な知見も含まれており、大変惜しい思いもする。本書が出版される二〇二三年付近は転機であり、食虫植物の研究が劇的に進み、新たな知見を交えた日本語書籍が次々に出版された（「おわりに」も参照してほしい）。まさに世は、食虫植物の新たな潮流を迎えたといってもよいだろう。

本書の発端はいまから一〇年ほど前、まだ食虫植物の生態学・進化学に関する日本語文献が少なかったころにさかのぼる。食虫植物に関する知識の普及をしたいと考えた私が、覚書き的な意味を込めながら、手に入る限りのあらゆる文献をかき集めてつくったものが、本書の原型である。その後、大学サークルの助けを得ながら、私費出版的な形で一度世に出している。内容は、それまでの日本でよく出版されたような、食虫植物の種類やその栽培をメインに据えたものではない。後述のように、食虫植物の生態や進化を深掘りしたものにした。

序章では、食虫植物に関する誤解について取り扱い、その過程で食虫植物がどういう植物なのかを、おおまかに把握していただきたい。これらの誤解は示唆に富んでいる。これらの誤解を紐解くことで、食虫植物に迫ろうと思う。第1章では食虫植物の定義について扱う。食虫植物とはいったいどのような条件を満たせば、そう呼ぶことができるのであろうか。この章は都合上この位置に配置されているが、第2章や第3章と密接にかかわっているので、第2章、第3章を読んだあと、もう一度立ち返ってほしい。第2章、第3章は食虫植物の捕虫方法や生態について紹介し、獲物を捕らえるという観点以外の食虫植物の共通点を見いだしていく。第4章は食虫植物とほかの生物との関係を紹介する。食虫植物とほかの生物は、「食虫」という「喰う喰われる」だけの関係性で結ばれているのかを考えてみよう。第5章は食虫植物の進化について、第1章から第4章までで紹介してきたことを統合して考察する。第6章は第1章から第5章までの流れからはずれるが、食虫植物の保全について扱う。これは第3章と深い関わりがあるので、あわせて読むと理解が深まると思う。各章には関連するコラムも用意した。お話的なものであったり、ひとつの章で説明しきれない深いトピックであったりする。読み飛ばしても、本筋には関わらないので、余裕があるときに読んでほしい。

そのほか、巻末付録として「食虫植物の分類」、「日本の食虫植物」を用意したので、適宜参照してほしい。なお、食虫植物の分類の詳細版をオンラインで掲載している。また、本書で紹介した食虫植物のいくつかの動画と、学名とその書き下しの対照表も用意した。化学同人のホームページ（https://www.kagakudojin.co.jp/book/b623305.html）からチェックしてみてほしい。

本書は、なるべく敷居を下げるために、高校生がちょっと背伸びして読めるくらいを目標に書いたつもりである。しかし、大学以上で出てくるような専門用語を使わなければ、どうしても説明が煩雑となってしまう場面がある。そこで理解しておいてほしい専門用語と、それに付随する知識は「用語解説」にまとめた。どうしてもわからなければ、読み飛ばして、気になるところを読んでいってもよい。とくに第5章は、難しいかもしれない。本書をきっかけに食虫植物の生態や進化に興味を持っていただけたら幸いである。

あなたの知らない食虫植物の世界◉目次

第2章　食虫植物はどのように虫を捕まえるか

第5章　食虫植物はどのように進化したか

序　章

誤解されがちな食虫植物

食虫植物を取り巻く誤解は非常に多い。たとえば、人間を食べてしまうような植物が存在するのではないか、という考えは日本に限らず、世界中に存在する。この絵はブエルの著書*Sea and Land*（1874）に登場する食人木Ya-te-veoである。本章では、そんな食虫植物に対する誤解について考えていく。画像：ウィキペディアより

食虫植物は、その特異性からか誤解が多い。コラム1でも紹介するが、なにも現代に限ったことではなく、食虫植物が発見されて以来、さまざまな誤解が生まれてきた。序章では、私の経験上、とくに多くの人が抱いている誤解について取り上げる。読者のみなさんも、いま一度、自分のなかに描く食虫植物像と比較して読み進めてほしい。

誤解1　生育環境～「食虫植物は熱帯に生育する」「食虫植物は日本には生育していない」～

不思議なことに、このように思っている人が意外に多い。たしかに、普段目に入る地域には生育していないため、なじみがないのが一因なのかもしれない。さらに、食虫植物一一科一八属のうち日本に自生しているのはモウセンゴケ科モウセンゴケ属とムジナモ属およびタヌキモ科タヌキモ属とムシトリスミレ属の計二科四属のみであり、とくに変わった形をしている（?）ハエトリグサ属やウツボカズラ属が日本には自生してない。しかし、第3章や第6章で紹介するように日本に食虫植物は生育しているし、ハエトリグサはアメリカ合衆国ノースカロライナ州、サウスカロライナ州原産の、れっきとした温帯植物である。

ただし、熱帯に生育する食虫植物が多いのは事実である。モウセンゴケ属やタヌキモ属、ムシトリスミレ属のいずれも一部は熱帯に生育するし、ウツボカズラ属はすべて熱帯原産である。食虫植物の多様性中心が熱帯にあるのは確かだが、それをいうなら日本人にとってなじみ深いカキノキが属するカキノキ属に関して「カキノキ属は熱帯に生育する」[*1]といっているようなものである。

誤解2　動く～「すべての食虫植物はみんな動くことができる」～

代表的な誤解として「ウツボカズラは蓋を閉めて獲物を閉じ込める」というものがある。第2章で解説しているように、ウツボカズラ属の捕虫器は動くことがない。一度開いた捕虫器の蓋は閉まることがないのである。そもそも食虫植物は動かない、もしくはきわめてゆっくりと動くもののほうが大多数である。

こういった誤解があるせいなのか、たとえば、ムシトリスミレ属のような植物を指して「食虫植物です」というと驚いた顔をされる。よく質問されるのが「これ動くんですか」である。食虫植物というのはそれほどまでに動くイメージが強いのであろう。なお、ムシトリスミレ属は葉のふちが屈曲する程度には動くことがあるが、モウセンゴケ属のように葉全体が動くこと

＊1　カキノキ属（*Diospyros*）も熱帯が起源であるといわれているが、一部が温帯に分布を広げており、そのひとつがカキノキである。

はない。

誤解3　消化酵素〜「食虫植物の消化液をかけると手が溶ける」「食虫植物の消化酵素によって獲物が死ぬ」〜

ウツボカズラの捕虫器のなかに溜まっている液体を手にかけたり、捕虫器のなかに指を突っ込んだりすると、次にはこんなことをいわれる。「手は大丈夫なんですか」。つまり捕虫器内に溜まっている液体に触れたら溶けるほど強力だと思っているのである。そんなパフォーマンスができるくらいなので、内部の液体に触れたとしてもまったく問題はない。内部に獲物が溜まっている場合は、衛生面と精神衛生上よろしくはないけれども。

ウツボカズラやサラセニアのなかに溜まっている液体は、ほぼ水である。消化酵素ももちろん入っているが、酵素自体も急速には反応しないし、酵素量も多くはない。極端な話をすれば、たとえば、ウツボカズラは捕虫器のなかの液体は蓋が開く前なら、飲料水として利用できる。蓋が開く前は獲物が入っておらず、無菌[1]だからである。また、「消化酵素によって溶かされることで、獲物が死んでしまう」というのも誤解である。罠にかかった獲物は酵素によって溶かされるよりももっと早い段階で窒息死や衰弱死している。消化酵素が強力ではないので、食虫植物は獲物を先に殺してしまわないと消化する前に逃げられてしまうのである。

誤解4　人を食べる〜「人間を食べる植物が存在する」「人間を捕らえられるほどの巨大な食虫植物が存在する」〜

「もしかしたら、いるかも……」くらいに思っている人がいてもおかしくない。しかし、少なくともいままでそのような植物が見つかったことはないので、安心してほしい。第3章で述べるように、食虫植物はその多くが草本であり背が低いため、人間を捕まえられるほどの大きさになるものが少ない。また植物体が大きくなるロリドゥラ属やウツボカズラ属、トリフィオフィルム属、そしてモウセンゴケ属の一部も捕虫器自体は大きくないので、人間が捕まる心配はない。ただし、ウツボカズラ属には小型哺乳類が獲物になる事例が存在する（第4章参照）。

このようなイメージがはびこるのは、ゲームやホラー映画の影響であろう。しかし、こういった誤解は過去から存在しているのもまた事実で、まだ情報の入手手段として紙媒体が主流であった時代でもこのような話題が世界的に飛びかっていた（コラム1参照）。「マダガスカルの食人木」や「ヤ・テ・ヴェオ」[*2]は有名な伝説である。伝説や迷信であってもこれだけ世界的に広まるのであるから、それだけ食虫植物は興味の対象になりやすいということなのかもしれない。

＊2　Ya-te-veo。これはスペイン語であり、堅く訳すなら「すでにあなたを見ています」。意訳すれば「お前を見ているぞ」、かくれんぼ的にいえば「みーつけた」といったところか。

誤解5　光合成〜「食虫植物は光合成をしなくても生育できる」「食虫植物は捕虫によってエネルギーを得る」〜

食虫植物が虫を捕らえると知っているがために、このような誤解をしている人が少なからずいる。これは第3章で述べる「普通の植物は肥料が必要なく光合成だけで生きている」と思っている場合と逆のパターンである。第1章でも述べるが、食虫植物はすべて緑色植物である。つまり葉緑体を持ち光合成を行う。したがって、食虫植物が光合成しないというのもまったくの誤りだ。

このような事態が引き起こされるのは、しばしば、〝栄養〟という同じ言葉を使って「光合成で〝栄養〟を得る」、「土壌から〝栄養〟を得る」と表現されがちなためであろう。または、〝栄養〟の部分が〝エネルギー〟に変わっている場合もある。すなわち、光合成で得られるものと、土壌から得られるものの実態をうやむやにしたまま、〝栄養〟や〝エネルギー〟でひと括りにされるため、混同してしまうのである。混同してしまうと、互いに代替可能と勘違いし、「虫を捕まえるから光合成はしなくてもよい」、もしくはその逆という発想に至ってしまうのではないかと推測される。ここで示される〝栄養〟は光合成では炭素、酸素、水素で構成されるグルコースもしくはデンプンであり、土壌から得られるのは窒素、リン酸、カリウムなどの無機栄養である。

〝エネルギー〟としてひと括りにされている場合はもう少し深刻である。光合成で得られる

〝エネルギー〟とは、光合成の過程でグルコースの形で保存される光エネルギー、グルコースを呼吸で分解する際に生じる化学エネルギー、もしくは生物のエネルギー通貨であるＡＴＰである。しかし、土壌中の無機栄養や虫から遊離したアミノ酸やリン酸のその多くはエネルギーとして利用されない。もちろん、アミノ酸からエネルギーを得る経路は存在するが、通常アミノ酸はタンパク質として体の構成物質となる。つまりエネルギー獲得とより関連が深いのは光合成である。互いに代替が不可能なので、植物にとって光も肥料（食虫植物の場合は、獲物）も両方が生育に不可欠なのである。

ただし、光合成や捕虫の話題のたびに「デンプン」とか「アミノ酸・リン酸」と内実を明記するのも煩雑であるから、本書でも以降は「栄養」とか「養分」と記載している場面もある。ご了承いただきたい。

誤解6　仲間～「ラフレシアも食虫植物」「食虫植物は寄生植物・菌従属栄養植物に近いもしくは同一である」～

寄生植物も菌従属栄養植物（腐生植物）も興味深い生態を持つことはたしかだが、食虫植物とはまったく異なる。前述のように、食虫植物は獲物を捕まえこそすれ、光合成を自分で行っており光合成の機能や無機栄養をほかの植物や菌類に頼ることはない。

寄生植物つながりだが、世界一巨大な花を咲かせるラフレシア属もしばしば食虫植物と勘違

図1　ウマノスズクサの花。赤黒く色づき、筒状となった花構造は、食虫植物を想起させるだろう。

いされる。グロテスクな姿ではあるがラフレシアも食虫植物ではない（これもメディアの影響でそう勘違いする人がいるのであろう）（**口絵①**）。ラフレシアを発見した探検家ラッフルズは、調査のメンバーが食人植物ではないかと恐れるなかで身をもってそうではないことをたしかめている。

あえて共通点を見いだしていくとすれば、食虫植物、寄生植物、菌従属栄養植物は、いずれも部分的、もしくは完全な従属栄養生物であるという点だろう。この従属栄養性は、もしかしたら選択圧を緩め、特異な形態の進化に寄与したかもしれない（5・4節参照）。

寄生植物、菌従属栄養植物に限らず、一般の人から見て「気持ちの悪い（?）植物」は食虫植物と勘違いされやすいようだ。たとえば、ウマノスズクサ科[*3]（**図1**）、キョウチクトウ科（ガガイモ科）スタペリア属、サトイモ科（第1章扉、**図1－3**も参照）の植物は食虫植物と勘違いされやすい。たしかに花が筒状となっていたり、肉質でグロテスクになっていたりする分類群であるのだが、いずれにも食虫植物は含まれない。

誤解7　捕虫器～「食虫植物の花は虫を捕まえる」「食虫植物の捕虫器が花である」～

食虫植物の捕虫器のほとんどは通常の植物で見られる葉が変化したものであり、花は別に存在する。そして、その花は基本的に獲物を捕まえることはない。花が送粉昆虫を捕まえてしまっては有性生殖という観点から花の意味がないからである。[*4] ただし、花自体に捕虫機能がなくても、花茎や萼(がく)に腺毛が生えている種（たとえばゲンリセア属やドロソフィルム属など）が存在する。これはおそらく捕虫というよりも防御的な形質で、送粉者は捕まることがなく、食害者のみを捕殺するのではないかと考えられる。もしくは実際に捕虫しており、これらの植物は自動自家受粉をするのかもしれない。

誤解8　花～「食虫植物は花を咲かせない」～

前述のとおりで、食虫植物は花を咲かせる（第4章扉も参照）。たしかに、一般に手に入る食虫植物でウツボカズラ属などは花を咲かせるのが難しいが、咲かないということではない。虫

＊3　とくにウマノスズクサ類は、食虫植物と銘打って販売されていることさえある。本当に食虫植物を購入したい場合は、ウマノスズクサ類を買わないようにしよう。

＊4　しかし、花が捕虫をしなくても、捕虫器に送粉者が捕まってしまうことは十分に考えられ、「送粉者と獲物の対立（pollinator-prey conflict）」という興味深い問題が頭をもたげる。ここで何かしらの送粉者の選択が働いているのかもしれない。くわしくはコラム4を参照。

媒花の食虫植物はやはり送粉者を引き寄せるためか、人間が見ても〝美しい〟花を咲かせる種が多い。

＊　＊　＊

みなさんのなかにある食虫植物像と比較して、これらのよくある誤解はどう映ったであろうか？　もし、自分の食虫植物像と異なる食虫植物の姿が思い浮かんだのであれば、ぜひとも本書をさらに読み進めていってほしい。読者のみなさんに食虫植物に興味を持っていただき、理解を深めていただくことで、本書の目的である「食虫植物に関する知識の浸透」が達成されるであろう。次の章からは、本格的に食虫植物の本質に迫っていく。

コラム1

世界を驚愕させた「食虫性」植物の発見

食虫植物はいつごろから世界的に認知されるようになったのだろうか。この食虫植物の「発見」においては、欠かすことができない人物が二人いる。ジョン・エリス（一七一〇～七六年）と『種の起源』で有名なチャールズ・ダーウィン（一八〇九～八二年）である。この二人に軸を置いて話を進めたい。

ジョン・エリス以前の食虫植物

食虫植物を「食虫植物」として発見したのは、ジョン・エリスである。[2] これは、一見おかしなことをいっているように思えるかもしれないが、歴史的観点からみれば事実である。食虫植物が小動物を捕らえ、自分の成長に役立てる「食虫性」という性質を有することを見いだしたのはエリスなのである。言いかえるとそれ以前は、食虫植物は「食虫植物」だと見られていなかった、ということになる。

食虫植物の記載として古いものは、マテウス・プラテリウス・サレニタヌス（一一二〇～六一年）によってヨーロッパ原産の植物種について言及したものがある。この中世後期の書物には、モウセンゴケ類が医療目的や牛乳を凝固させるのに使われていたことが記されている。[2]

食虫植物の絵で最古と考えられているものには、ロジャー・ベーコン*5（一二一四ごろ〜九四年）によって記されたとされている暗号手稿（ヴォイニッチ暗号として知られている）がある。一五七九年には、ジョン・ゲラルデによってモウセンゴケに捕まった昆虫の絵が描かれており、一六二六年のマテウス・メリアンによるモウセンゴケの銅板印刷は初期の絵のひとつとして知られている。

モウセンゴケ以外の記載では、一五七六年にマサイアス・デ・ロベル（一五三八〜一六一六年）がサラセニア属を記載・描画し、一六五八年にエチエン・デ・フラコート（一六〇七〜六〇年）によってマダガスカルのウツボカズラ属が記載されている。[2]

ジョン・エリスによる食虫植物の「発見」

食虫植物の「発見」の一連の流れは、一七五九年のハエトリグサの発見にはじまる。一七五九年四月二日、アーサー・ドブスからイギリスの自然学者ピーター・コリンソンに宛てた手紙で、ハエトリグサがはじめて言及された。一七六八年に女王直属植物学者としてカロライナを旅していたウィリアム・ヤングによりこの植物の生きた標本がイギリスへ送られた。それらのいくつかがエリスの手に渡り、そして一七六八年、聖ジョーンズ・クロニクルに宛てた手紙で、彼はハエトリグサをこんにちまで使われつづける学名 *Dionaea muscipula* を使って記載した。[2]

エリスはハエトリグサの食虫性について次のように述べている。「自然は葉の上部の関節を食料を捕らえる機械のように形づくり、その中央に獲物となる不幸な昆虫のための餌を置いているので、自然（が生み出したこの植物）は獲物の栄養を確保しようとする考えがあるのかもしれません……」。[3] エリスは植物学の権威カール・リンネに現物と食虫性も含めた詳細な記載を送ったが、リンネはハエトリグサの学名[*6]と食虫性を認めることはなかった。[2]

ダーウィンと『食虫植物』

食虫植物の発見史を語るうえで、もう一人欠かせないのが、チャールズ・ダーウィンである。進化論であまりに有名だが、食虫植物についても多くの研究を残している。エリス以来、ダーウィン以前にも、食虫性の証明を行った人物や食虫性を指摘した人物は存在するが、[2,3] 彼の特筆するべきところは、その観察・実験の数と一八七五年に『食虫植物（*Insectivorous Plants*）』という本を出版していることだろう。ダーウィンは現在認められる多くの食虫植物の食虫性を

＊5　世界史で習う哲学者である。Voynich Code はいまだに解読が果たされていない。

＊6　*Dionaea muscipula* のネーミングの由来にやや問題があったからである。詳細は各自調べてみてほしい。ただしエリス側を擁護しておくと、リンネも人のことをいえないような学名をつけている。

指摘した。そして、彼が世界的に食虫植物の存在を知らしめたといっても過言ではない。

ダーウィンのもっとも重要な研究はモウセンゴケに関するものである。彼はモウセンゴケの葉に捕まっている昆虫の数と種数を数え、消化の様子を観察した。さらにモウセンゴケ属にアンモニア塩、卵の白身そしてチーズを餌として与えるという実験もしている。[4]

キュー王立植物園の園長であるジョセフ・フッカー卿（彼もウツボカズラ属の分類に関して功績がある）が協力して、一八七五年七月三日、北アイルランド・ベルファストでダーウィンとフッカーの最初の講義が行われた。その講義は「食虫植物（Carnivorous plant）」と題された絵とともに、『サイエンティフィック・アメリカン』誌で報告されている。一方で、リンネ同様に食虫植物の存在を認めない科学者たちからは強い非難を浴びたようだ。ダーウィン以後、一九二〇年まで食虫植物の存在は疑われつづける。[2]

ダーウィン以後：文化面への影響と戦後の発展

食虫植物の存在は科学以外、文化的側面からも影響を与えた。絵画やおとぎ話、小説、映画などはその例といえる。たとえば、ダーウィンの著書『食虫植物』発表後、一八七八年、その影響を受けたカール・リッチによって「マダガスカルの食人木」の報告がなされた。[3] 一九五一年には、ジョン・ウィンダムによる小説『トリフィド時代』が発表され、一九六〇年には、ホラー映画『リトル・ショップ・オブ・ホラーズ』が上映される。『リトル・ショップ・オブ・

ホラーズ』はのちにミュージカルになり、さらにそのミュージカルをもとに再度映画化されて上映されるという人気っぷりだ。

戦後には、一九七二年に *Carnivorous Plant Newsletter* の創刊と国際食虫植物学会（ICPS）の創設がなされる。各国の食虫植物の研究者、愛好家の集まりも研究の発展に寄与していると思われるが、ICPSの存在と情報の蓄積は無視できないだろう。また、〝新たな〟食虫植物の存在が示される。一九七九年にはグリーンら[5]によりトリフィオフィルム・ペルタトゥム、一九八四年にはギヴニッシュら[6]によりブロッキニア・レドゥクタ、一九九八年にはバースロットら[7]によりゲンリセア属、二〇一二年にはペレイラら[8]によりフォルコクシア属が食虫植物の仲間入りをはたしたのだ。

さらにこのあたりの時代に、ロイド[9]、ジュニパーら[10]により『食虫植物（*The Carnivorous Plants*）』という、ダーウィンの著書と並ぶ重要な総説が発刊される。そして、現在においても系統、進化、生態といった、さまざまな側面から研究がなされている。とくに本書を書いているニ〇一〇年代後半から、全ゲノム・トランスクリプトーム解析を駆使した研究が進み、新たな知見が次々と明らかになっている（第5章参照）。

第1章

食虫植物はどんな植物か

落とし穴という同じ「罠」を有する植物2種。両方とも捕らえた虫を殺してしまうのだが、左のウツボカズラは食虫植物であり、右のテンナンショウは食虫植物ではない。食虫植物とそうでない植物を分ける基準とは何なのだろうか。

現在、世界には一一科一八属八〇〇種以上の食虫植物（carnivorous plant）[*1]が存在するといわれている。[2,3,8,11] それらの食虫植物を「食虫植物たらしめる性質」とはなんだろう。これから食虫植物について議論するにあたって、食虫植物を定義しておくことは必須事項だ。本章では、食虫植物という植物がどういった基準に基づいて定義されるのかとともに、定義の問題点にも触れながら紹介しよう。

1・1　食虫植物とはどのような植物であるべきか？

食虫植物に区分されるための基準を述べる前に、まずは、簡単な想像からはじめてみよう。それは「新たな食虫植物かもしれない植物の発見」の場面だ。これから食虫植物について考えるときに、どういった植物を食虫植物と呼ぶべきかを想像できることは重要なのだ（人為分類であるはずの食虫植物に「〜であるべき」というのは、本当は変な話なのだけれども）。

いまあなたの目の前に、ある植物が生えている。この植物は表面から粘液を分泌している。しかし、その粘液に捕まっている虫は見受けられない。なかには、この植物の表面を歩いている虫すらいる。この植物を「食虫植物」と呼ぶ人はまずいないだろう。そう、この植物はただの粘つく植物だ。この粘液は何かしらの役割を果たしていると考えられるが、いまのところそれを知る術はない。

では、また別の粘つく植物がいるとして、こちらには虫が捕まっている。植物から逃れようともがいている虫もいれば、とうに息絶えている虫もいる。この植物は食虫植物だろうか。なかにはこの時点で、「食虫植物だ」と声をあげる人もいるかもしれない。しかし、この時点で食虫植物と呼ぶのは早合点だ。なぜなら、まだこの時点では「虫を食べているのか」が明らかではない。虫を食べる、すなわち「捕まえた虫を分解・吸収しているのか」がまだわからない。仮に罠にかけた鳥が罠のなかで死んでしまっても、これは「食べた」とはいわないだろう。「食べた」というためには、その鳥を消化（分解）し、体内に吸収しなければならない。この植物の場合、もしかしたら食害する昆虫類から身を守るために粘液を分泌しているのかもしれない。

さて、ではこの虫を捕まえる植物は、何かしらの形で虫を分解し、多少なりとも分解により生じた物質を吸収していることが明らかになったとしよう。ここまでくると、その植物は食虫植物らしくなってくる。しかし、まだ食虫植物とはいえない。食虫植物と呼ぶには、まだ決定

＊1　本来訳すならば「肉食植物」とでもいうべきだが、日本では「食虫植物」という用語が浸透している。逆に「食虫植物」に対応する"Insectivorous plants"という英語もあるが、こちらは英語圏では一般的ではないようだ。

的にこの植物に欠けているものが存在する。次節以降では、その「欠けている要素」について考えよう。

1・2　定義と五つの基準

食虫植物と呼ぶにはいくつか決定的な基準を満たす必要がある。ただ虫を捕まえる植物は、食虫植物とはいえないのだ。ジュニパーら[10]は食虫植物に見られる特徴的な形質を六つ挙げている（**表1-1**）。また、ギヴニッシュら[6]は、養分の吸収やそれにつづく生存率や繁殖量の上昇を確認することが、純粋な防御の適応（1・4節参照）と食虫性を区別するのに必要としている。それをまとめれば、食虫植物とは一般に次のような植物である。

定義：
小動物を誘引し捕らえる能力を持ち、捕らえた生物を分解し、それにより生じた栄養分を吸収して生育に役立てる植物

表1-1に掲げた形質と似ているが、以降簡便のために、この定義を次の五つの要素に編成しなおした。

表 1-1　食虫性シンドローム。カッコ書きは必須の能力ではないことを示す。

1. （誘引 attract）	4. 殺傷 kill
2. 足止め retain	5. （消化 digest）
3. 罠 trap	6. 有用物質の吸収 absorb useful substances

文献 10 より作成。

①獲物を誘引する能力（誘引）
②獲物を捕まえる能力（捕獲）
③捕まえた獲物を分解する能力（分解）
④獲物を分解して生じた養分を吸収する能力（吸収）
⑤吸収した養分を使って自らの成長に役立てる能力（吸収した養分による適応度の上昇）（養分活用）

このような食虫に関わる性質を「食虫性（carnivory）」といい、また、食虫植物に特徴的な、食虫に関わる形質群を「食虫性シンドローム（carnivorous syndrome）」という。食虫植物かどうかを判定するためには、上記の五つの要素（能力）を有するかどうかを判定すればよい。1・1節の最後に登場した虫を捕まえ、分解し、吸収する植物を食虫植物と認めるのに足りないのは、分解により生じた栄養分を実際に生育に役立てているかが明らかでない点だ。以降の議論では、五番目に挙げた「吸収した養分を使って自らの成長に役立てる能力（吸収した養分による適応度の上昇）」が食虫植物に分類されるか否かの要となる。

一一科一八属の食虫植物は複数回、まったく別の系統から進化してきた

（これを「単系統ではない」という。くわしくは「用語解説」参照）分類群である。したがって食虫植物とは、生態的な特徴に基づく人間が勝手に決めた分類（人為分類）である。また、現在認識されているすべての食虫植物は光合成を行い、花を咲かせて種子生産を行う。これを専門的にいうならば、食虫植物は緑色種子植物であり、独立栄養生物であるとなる。人によっては「緑色種子植物」「独立栄養生物」も含めて定義している（たとえば、田辺[12]）が、ここではあえて定義には含めていない。仮にコケ植物・シダ植物（種子で繁殖しない）や寄生植物・菌従属栄養植物（腐生植物）（自分の光合成だけで生活環をまっとうしない）で「定義」を満たすものが見つかれば食虫植物だと十分認められるだろう。ただし食虫植物にとって光合成と種子生産は非常に重要である（第3章参照）。ここでいいたいのは、（実際に存在するか、もしくは発見される可能性があるかは別にして）食虫植物の定義はこれ以上限定しなくても充分であるということだ。

食虫植物として必須の能力

ところが、現在の食虫植物の分類において、五つの能力すべてを有していなくても、さまざまな背景のもとに食虫植物と認められている事例が存在する。[6,13] 上で示した定義や五つの能力は、一般的な食虫植物について述べたものにすぎない。もしくは、〝理想的な〟、〝完全な〟食虫植物のことを述べたものといえるかもしれない。実際の食虫植物は、後述するように普通の植物

（非食虫植物）に対して明確に区別できるものではなく、連続的な存在だ（第3章、第5章も参照）。

一般に、食虫植物と認められるためには、最低でも「捕獲」「吸収」「養分活用（適応度上昇）」の能力が必要である[6]（**口絵②**）。「（誘引しているかどうか明らかではないが）獲物を捕獲し、（何らかの形で獲物を分解して）分解産物を吸収し、自身の生育に活用する植物」は食虫植物と認められている。ただし、この三つの能力しかもたない植物は分解能力を他者（共生者）に依存する。[*2] したがって、食虫植物と共生者をひとつの共同体と見るならば、分解能力もまた必須だ。誘引能力は、はっきり有するものもあれば、有していないように見えるものもあり、すべての食虫植物が有しているといえるのかどうかは明らかではない[*3]（**表1－3**参照）。しかし、誘引能力の有無が捕獲効率へ与える影響は明らかだ。したがって、食虫植物の定義に、誘引能力の有無は重要であるという指摘もある。[13,14] 一方で、たとえばゲンリセア属は食虫植物であるという共通見解が得られているが、明確な誘引能力はないとされている。[15]

＊2　なぜならば植物側に分解能力が必須ではなくても、獲物の分解は必須だからである。分解されていない巨大分子（タンパク質や核酸など）はそのままでは容易に吸収できない（吸収できる事例は存在する）。

＊3　新たに見つかった誘引方法、たとえば蛍光（文献41）などもあるので、ひと目では理解できない「何か」が働いている可能性もあるであろう。誘引に関しては、人間の視点ではなく、獲物の視点になることが重要である。

食虫植物かどうかの議論の論点

以上を踏まえて、「ある植物が食虫植物かどうか」を議論するにあたって、次の三つの問いを考えなければならない。ひとつ目は「分解能力を有するか、もしくは共生者に依存しているか」、ふたつ目は「分解産物を吸収しているか」、そして三つ目がとくに重要なのだが、「分解産物を吸収して適応度は上昇するか」である。なお、捕獲能力は特別な実験をしない肉眼観察で通常は確認できるため、[*4] ここにおける議論は捕獲能力を有している植物であることが前提である（1・1節のように、虫を捕らえすらしない植物を「食虫植物ではないか」と疑いを持つことはないだろう）。

消化酵素の有無の判定は、吸収能力や養分活用能力に比べたら簡単である。一番単純な方法は、肉やゼラチンなどのタンパク質を植物の分泌液（消化液だと考えられるもの）で処理してみればよい。観察が比較的簡単ゆえに、食虫植物かどうかの判定に寄与するところは大きい。しかしながら、上記のとおり、分解能力は植物側の必須能力ではない。それは、分解能力を持たない植物が共生者の力を借りて、獲物を分解している事例が存在しているからだ（たとえば、後述のロリドゥラ属の植物）。したがって、植物側の分解能力の有無だけではなく、分解を担う共生者の存在も食虫植物かどうかの判定に大きな影響を与える。消化酵素も共生者も見つからない場合、その植物が食虫植物ではない可能性が高い。

分解産物の「吸収」「養分活用」は前述のとおり食虫植物にとって必須の能力である。食虫植物が食虫植物たるゆえんは、名前のとおり「虫を食べること」にあるのであり、「捕獲」につづく「吸収」「養分活用」は、食虫植物の生育に重要な位置づけにある[6, 13]（第3章参照）。しかしながら、これらはひと目で確認できる能力ではない。吸収能力を確認したければ、分解産物、たとえばアミノ酸やリン酸などを同位体で標識し、実際に植物体内に移行するかを確認しなければならない。それには特別な機材が必要になることもある。さらに、養分活用能力の確認は、それ以上に時間と手間がかかる。虫を与えられた植物がその後、虫を与えられなかった植物よりも、成長量や種子生産量（適応度）が増加するのか、その植物の一生もしくは一定期間の観察が必要になる。そのせいか、「食虫性が疑われる植物」において、これらの能力はその重要性に比して調べられていないこともある。

ロリドゥラ属の事例

分解能力を共生者に依存していることが明らかになった有名な事例を紹介しよう。ロリドゥラ科ロリドゥラ属の植物は松ヤニのような粘着力の強い粘液を分泌し昆虫類をよく捕らえる。

＊4　その例外のひとつが、フィルコクシア属という線虫食の食虫植物で、線虫という目視が困難な生物を捕らえている。地上生のタヌキモ属やゲンリセア属も地下で獲物を捕らえるため、一見しただけでは獲物を捕らえているようには見えない。

この性質から一度食虫植物に分類されたものの、[4] のちに消化酵素を分泌していないことから食虫植物の分類から外された歴史がある（酵素は通常水溶液中でしか働くことができず、ロリドゥラが分泌する親油性の樹脂中では働かない）[2,10]。ところがこの植物はカスミカメムシの仲間と共生しており、捕らえた獲物をカメムシが食べ、その排泄物を吸収することが明らかとなっている[16]。この共生関係は、食虫植物において初の発見であり[17]、この発見によってロリドゥラは食虫植物としての地位に戻ったのである。これ以降、この興味深い特性を持った植物の研究はつづいており、ロリドゥラは葉から養分吸収できないとされていたが、アンダーソン[18]は、発見したロリドゥラ表皮のクチクラ層にできた隙間が分解産物の吸収口になるとしている。また、当初は消化酵素を有していないとされていたが、プワチノら[19]が粘液ではなく腺表皮に消化酵素活性があることを示している。

　ロリドゥラとカメムシの関係以外でも、分解を共生者に頼る事例は存在する。たとえば、ウツボカズラ科ウツボカズラ属は消化酵素を分泌するが、微生物による分解も行われると考えられている[20]。サラセニア科ヘリアンフォラ属は消化酵素を有しておらず微生物分解であるし、同じくサラセニア科のダーリングトニア属は捕虫器内の食物網に分解を依存する[3,21]。

ツノゴマ科の事例

一方で逆の経緯をたどった植物にツノゴマ科のイビセラ・ルテアがある（**図1－1**）。この

図 1-1 (a) イビセラ・ルテア。いままで食虫植物だと思われていた。(b) プロボスシデア・ルイジアニカと (c) プロボスシデア・ルイジアニカに捕らえられた小昆虫。プロボスシデア・ルイジアニカもイビセラ・ルテアと似た性質を示すが、食虫植物に含まれることもあれば、含まれないこともある。

植物もロリドゥラと同様に粘着型の捕虫を行い、一度食虫植物の仲間入りを果たしている。かつてはいくつかの文献でほかの食虫植物とともに名を連ねて紹介された(たとえば、ジュニパーら[10]、田辺[12]、近藤と近藤[22]、食虫植物研究会[23])。いまだに研究者によって食虫植物に含めるか否かの意見が分かれているが、現在は食虫植物に含めないことが多い(たとえば、バーストロットら[2]、ライス[3]、チェイスら[17])。またイビセラ・ルテアに近縁のプロボスシデア・ルイジアニカは、イビセラ・ルテアと同じく粘液を分泌して虫を捕らえる。同じツノゴマ科でありながらイビセラ・ルテアに比べてプロボスシデア・ルイジアニカは食虫植物という区分に組み込まれていることは少ない(たとえば、食虫植物研究会[23]には記載があるが、ジュニパーら[10]、田辺[12]、近藤と近藤[22]にはない)。これらふたつの植物の扱いの差が、どこで生まれたのかは疑問が残る。

二〇〇九年時点で、これらふたつの植物は消化酵素を分泌していることが明らかとなっている[24]。しかし、プワチノら[24]によると分解産物は吸収されない。プワチノらの研究結果に従うならばイビセラ・ルテアとプロボスシデア・ルイジアニカはともに食虫植物ではない。

パエパラントゥス属の事例

もうひとつ、いまだに議論のつづいている種を取り上げよう。パエパラントゥス・ブロメリオイデスもしばしば食虫植物として取り扱われることがある。パエパラントゥス・ブロメリオイデスは、ブロッキニア属やカトプシス属と同じように、葉を筒状に配置し、葉の基部に水が溜まるしくみになっており、ここで小動物が死ぬことがある。また、ブロッキニア属とともに生育しているため、貧栄養で、強い日射のもとに生育しているという点も似ている。本種の食虫性に関してはよくわかっていなかったが、ニシら[25]はパエパラントゥス・ブロメリオイデスがどのような経路で養分を獲得しているかを明らかにした。その結果、パエパラントゥス・ブロメリオイデスは小動物の死骸やその分解物からではなく、共生しているクモの糞から養分を得ていた。このクモがおそらくは獲物の捕獲と分解を担っているようである。ニシら[25]は以上の証拠から、パエパラントゥス・ブロメリオイデスの食虫植物としての性質を見いだしたが、私はむしろこの結果はパエパラントゥス・ブロメリオイデスが食虫植物ではない可能性を示唆しているのではないかと思っている。というのも、この結果ではパエパラントゥス・ブロメリオイデスはクモが獲物を捕獲しているので、獲物の捕獲という必須の能力を備えていないことになってしまうからだ。もし、クモがパエパラントゥス・ブロメリオイデスに捕獲された小動物を利用していたなら、食虫植物と考えることもできただろう。

食虫植物として認められるために、獲物の捕獲を植物が行う必要がある、というのは歴史的に指摘されてきた面もあるが[6]、私なりの理由もある。獲物の捕獲を植物が行わない場合は、たとえば、アリノスダマやアリノトリデのようなアリと密接な共生関係を結ぶ植物（アリ植物）を食虫植物に含むことができてしまう。アリノスダマやアリノトリデのようなアリ植物は、アリに住処を提供する一方で、アリに植物の防衛や排泄物による植物への養分供給をしてもらっている。このアリの排泄物は、もとはアリが巣の外に出て狩りを行い、それを巣に持ち帰ったものである。このように、獲物の捕獲を植物が行わないならば、アリ植物も食虫植物に含むことができるだろう。さらに、これは極端な例だが、ほとんどの獲物を捕獲しない独立栄養の植物は土壌から養分を吸収しているわけであるが、この養分は生物の死体がほかの生物により分解されたものである。こう考えると、ほぼすべての植物を食虫植物に区分することも可能であり、もはや食虫植物という区分に意味はない。以上のような理由で、私は食虫植物の定義には、獲物の捕獲が重要であると考えている。さきほどの、パエパラントゥス・ブロメリオイデスは食虫植物というよりも、「クモ」植物というべきかもしれない。そうだとしたら、食虫植物とはまったく別の文脈としてパエパラントゥス・ブロメリオイデスは興味深い事例だといえる。

生態的特性や特殊な形態から食虫性を理解する

上記のロリドゥラ属、ツノゴマ科やパエパラントゥス属といった植物以外にも食虫性が疑われている植物は多く存在する（チェイスら、[17]**表1－4**参照）。食虫性の疑いがかかっている植物は、五つの能力を順に調べていくことで、機械的に食虫植物であるかを仕分けることが可能だろう。しかし、養分活用能力は実験的な難しさもあり、ときに検証が困難と考えられる。そのためか、しばしば吸収能力と併せて考えられているか、もしくは養分活用に関しては考えられていない。

しかし、養分活用能力を検証しないことは「食虫植物」という区分の植物をむやみに増やしてしまうだけかもしれない。たとえば、鳥もち式罠を有するクサトケイソウはラダマニら[26]によって消化酵素の存在と分解産物の吸収が示されている（**図1－2**および**口絵⑪**も参照）。上の定義に従えば、食虫植物である可能性が高そうだ。しかしこれに対してチェイスら[17]は、この植物の雑草性に注目し、捕獲の能力は食虫性よりも「防御」としての側面が強いのではないかと指摘している。クサトケイソウは、食虫植物の生態（第3章参照）に当てはまらない。クサトケイソウは食虫植物の生育する貧栄養な環境に存在せず、食虫植物とは異なり強い雑草性を示すことから、食虫性の利益が考えにくいのである。これらの生態的特性を考慮することで、その植物における「養分活用能力」の重要性に関して間接的に示唆が得られるだろう。

この考えは上記のロリドゥラ属やツノゴマ科植物にも適用できる。ロリドゥラ属は貧栄養な湿地に生育し、多くの食虫植物と生態的特性が似通っている。ゆえに食虫植物と認めてもよいだろう。一方でツノゴマ科植物は分解産物を吸収しないどころか、そもそも貧栄養な土地に特異的に生育する植物でもない。食虫植物と考えるには疑問が残る。

この生態的特性以外に「特殊化した形態（捕虫器など）」（第2章および第5章参照）も判断の基準になるかもしれないが、[13]定量化は難しそうだ。

「食虫植物」という区分は不明瞭

食虫植物は現在一一科一八属存在すると考えられている。[2,3,8]これ以降食虫植物として扱う「一一科一八属」は**表1－2**に掲げた一一科一八属を指す。**表1－2**に掲げた、カトプシス属を除く一一科一七属は食虫性に必須の能力がいずれも検証されているか、状況証拠的（とくに生育地）に食虫植物である可能性が高い（**表1－3**）。この一一科一八属は人によって中身が違うこともあれば、科や属の数も異なっていることがある。**表1－2**に掲げた以外の属でおもに名前があがるのは、パエパラントゥス属、イビセラ属、トケイソウ属、ルリマツリ属などである[12,22]（**図1－2**）。最近ではムシタタキ（スティリディウム）属も見かける。[17,27]逆に少し前の文献にはオオバコ科フィルコクシア属の名前は記載されていない。この植物は、二〇一〇年代にその食虫性が認められて食虫植物に含められている。[8]

ロリドゥラ属やツノゴマ科植物の事例から「食虫植物」という区分が案外、不明瞭な状態で

表 1-2　現在認識されている食虫植物 11 科 18 属

目 order	科 familiy	属 genus
ナデシコ目 Caryophyllales	ディオンコフィルム科 Dioncophyllaceae	トリフィオフィルム属 *Triphyophyllum*
	モウセンゴケ科 Droseraceae	ムジナモ属 *Aldrovanda*
		ハエトリグサ属 *Dionaea*
		モウセンゴケ属 *Drosera*
	ドロソフィルム科 Drosophyllaceae	ドロソフィルム属 *Drosophyllum*
	ウツボカズラ科 Nepenthaceae	ウツボカズラ属 *Nepenthes*
ツツジ目 Ericales	ロリドゥラ科 Roridulaceae	ロリドゥラ属 *Roridula*
	サラセニア科 Sarraceniaceae	ダーリングトニア属 *Darlingtonia*
		ヘリアンフォラ属 *Heliamphora*
		サラセニア属 *Sarracenia*
シソ目 Lamiales	ビブリス科 Byblidaceae	ビブリス属 *Byblis*
	タヌキモ科 Lentibulariaceae	ゲンリセア属 *Genlisea*
		ムシトリスミレ属 *Pinguicula*
		タヌキモ属 *Utricularia*
	オオバコ科 Plantaginaceae	フィルコクシア属 *Philcoxia*
カタバミ目 Oxalidales	フクロユキノシタ科 Cephalotaceae	フクロユキノシタ属 *Cephalotus*
イネ目 Poales	アナナス科 Bromeliaceae	ブロッキニア属 *Brocchinia*
		カトプシス属 *Catopsis*

図 1－2　食虫植物に含まれることのある植物の一例。(a) ルリマツリと (b) その腺毛、および (c) クサトケイソウ。

表 1-3　11 科 18 属の食虫植物と食虫性の基準

属	誘引	捕獲	分解	吸収	活用[1]
トリフィオフィルム属 *Triphyophyllum*	?	○	○	○	○
ムジナモ属 *Aldrovanda*	?	○	○	○	○
ハエトリグサ属 *Dionaea*	○	○	○	○	○
モウセンゴケ属 *Drosera*	○	○	○	○	○
ドロソフィルム属 *Drosophyllum*	○	○	○	○	○
ウツボカズラ属 *Nepenthes*	○	○	○	○	○
ロリドゥラ属 *Roridula*	?	○	○[2]	○	○
ダーリングトニア属 *Darlingtonia*	○	○	—[2]	○	○
ヘリアンフォラ属 *Heliamphora*	○	○	—[2]	○	○
サラセニア属 *Sarracenia*	○	○	○	○	○
ビブリス属 *Byblis*	?	○	○	○	○
ゲンリセア属 *Genlisea*	—[3]	○	○	○	○
ムシトリスミレ属 *Pinguicula*	○?	○	○	○	○
タヌキモ属 *Utricularia*	—[3]	○	○	○	○
フィルコクシア属 *Philcoxia*	?	○	○	○	○
フクロユキノシタ属 *Cephalotus*	○	○	○	○	○
ブロッキニア属 *Brocchinia*	○	○	○[2]	○	○
カトプシス属 *Catopsis*	○	○	—[2]	○	○

1）純粋な活用能力だけではなく生育地も考慮に入れた
2）共生者に分解を依存する
3）土壌間隙への擬態による受動的誘引
文献 2、3、4～6、15～19、21、32～35 を参考に作成。

あるということが見てとれるだろう。[28] これは「食虫植物」と記載されてから研究が進んでおらず伝統的にそうしてきたという問題と、食虫植物として必須能力である「小動物を養分とすることでの適応度の上昇」を示すのが困難という問題があるのだろう。そして「食虫植物」という区分が不明瞭であるということと関連して「食虫植物と非食虫植物は連続的である」という問題がある。以降では食虫植物と非食虫植物の連続性の問題にも触れながら、議論を進めよう。

1・3　原始食虫植物と捕殺植物

　前述の問題に関して「原始食虫植物（proto-carnivorous plants）」と「捕殺植物（murderous plants）」と呼ばれる植物群が提唱されてきた。これらの植物は食虫植物に必要な能力のうちいくつかが欠けている植物である。

原始食虫植物

原始食虫植物とは食虫植物が有する直接的分解の手段や吸収の機構を欠く植物である。すなわち誘引能力、捕獲能力を除いた三つの能力のうちいくつかが欠けている植物である。ここでは英語での proto-にならって「原始」という接頭辞で訳しているが、接頭辞が sub-（準―）、para-（側―）、semi-（半―）、pseudo-（擬―）のものであっても同一の植物群を指す。[*5] また「境界上の食虫植物（borderline carnivorous plants）」とも呼ばれる。

　三つの能力のいずれかが欠けている植物は食虫植物と比較すれば、はるかに多く存在する可能性があり、そのような植物はこの区分に組み込まれうる。また注意したいのは、この区分の定義にのっとるならば、名前の印象とは裏腹に「食虫植物かどうか」は問わない。なぜならばこの定義は「分解能力を欠き吸収・養分活用能力を有する植物（すなわち食虫植物）」も「分解能力を有し吸収・養分活用能力を欠く植物（この植物は食虫植物とはいえない）」も含んでいるからである。前者にはダーリングトニア属、ヘリアンフォラ属、カトプシス属が当てはまり、後者にはイビセラ属、ルリマツリ属などが当てはまる。

捕殺植物

捕殺植物とは小動物を捕殺する植物を指す。つまり、捕獲能力を有し、残り四つの能力の有無は問わない。こちらはチェイスらの論文[17]タイトルになっている言葉である。定義に従えば、この区分のなかには食虫植物や原始食虫植物が含まれる。当然、非食虫植物も含まれている。

チェイスらの論文は過去に食虫植物ではないかと疑われた植物をリストアップし、「食虫性の証明がなされたかどうか」までまとめた非常に有用なものである。そのなかで紹介されているものは、食虫性を認められている種も含めて二七科四二属である（**表1-4**、表にはほかの引用文献も含む）。そしてチェイスらは、ここで紹介されている多くの植物に対して「食虫性に関して研究が進んでいないこと」を指摘している。証明がなされていないために、いまだに「食虫植物かどうか」の判断が下されないままになっているということだ。そのような判断を

＊5　これはproto-という接頭辞が進化の方向が決まっているかのようなニュアンスを表すため、それを嫌う人はproto-以外の接頭辞を使っている。

表1-4　これまで食虫植物と疑われた植物。いずれの属についても、一部の種について食虫性が疑われていた。

科名	属名	捕虫方法	種
アブラナ科 Brassicaceae	ナズナ属 *Capsella*	鳥もち	*C. bursa-pastoris*
ナデシコ科 Caryophyllaceae	ミミナグサ属 *Cerastium*	鳥もち	*C. arvense*
	センノウ属 *Lychnis*	鳥もち	*L. viscaria*
	ハコベ属 *Stellaria*	鳥もち	*S. americana* *S. jamesiana*
マツムシソウ科 Dipsacaceae	ナベナ属 *Dipsacus*	落とし穴	*D. fullonum*
ツツジ科 Ericaceae	エリカ属 *Erica*	鳥もち	*E. tetralix*
リンドウ科 Gentianaceae	サッシフォリウム属 *Saccifolium*	落とし穴	*S. banderirae*
フウロソウ科 Geraniaceae	フウロソウ属 *Geranium*	鳥もち	*G. viscossisimum*
	テンジクアオイ属 *Pelargonium*	鳥もち	*P. zonale*
ツノゴマ科 Martyniaceae	イビセラ属 *Ibicella*	鳥もち	*I. lutea*
	プロボスキデア属 *Proboscidea*	鳥もち	*P. louisianica*
オシロイバナ科 Nyctaginaceae	オシロイバナ属 *Mirabilis*	鳥もち	*M. longiflora*
	ウドノキ属 *Pisonia*	鳥もち	*P. grandis*
ハマウツボ科 Orobanchaceae	ヤマウツボ属 *Lathraea*	迷路	*L. clandestina*
トケイソウ科 Passifloraceae	トケイソウ属 *Passiflora*	鳥もち	*P. foetida*
イソマツ科 Plumbaginaceae	ルリマツリ属 *Plumbago*	鳥もち	*P. auriculata* *P. capensis* *P. indica*
サクラソウ科 Primulaceae	サクラソウ属 *Primula*	鳥もち	*P. sinensis*
バラ科 Rosaceae	キジムシロ属 *Potentilla*	鳥もち	*P. arguta*
ユキノシタ科 Saxifragaceae	ユキノシタ属 *Saxifraga*	鳥もち	*S. umbrosa* *S. rotundifolia*
ナス科 Solanaceae	タバコ属 *Nicotiana*	鳥もち	*N. tabacum*
	ペチュニア属 *Petunia*	鳥もち	*P. violacea* *P. nyctaginiflora*
	ナス属 *Solanum*	鳥もち	*S. tuberosum*
スティリディウム科 Stylidiaceae	スティリディウム属 *Stylidium*	鳥もち	?
アナナス科 Bromeliaceae	プヤ属 *Puya*	迷路	*P. raimondii*
ホシクサ科 Eriocaulaceae	パエパランスス属 *Paepalanthus*	落とし穴	*P. bromelioides*
レヘウネア科 Lejeuneaceae	コルラ属 *Colura*	吸い込み罠	*C. zoophaga*
プレウロジア科 Pleuroziaceae	プレウロジア属 *Pleurozia*	吸い込み罠	*P. purprea*

文献2、4、17、36を参考に作成。

保留すべき植物のうち、いくつかはこんにちでも食虫植物として名を連ねることがある植物である（たとえばパエパラントゥス属）。

区分を混乱させる要因

食虫植物の判定にかかる難点は、繰り返しになるが食虫植物と原始食虫植物・捕殺植物を区分するための定義、吸収・養分活用能力は一見したところでは明らかではない点だ。単純な肉眼の観察からでは結論は導き出せない。したがって、実験を行わない観察事例のみで記載をする場合は、「食虫植物ではないか」と観察者の主観でもって考えられるようになるだろう。その事例としては、パエパラントゥス属やイビセラ属がよい例である。この疑いをかけるまでのプロセスに問題はないが、それ以後正しい形で食虫性が検証されないのは問題である。パエパラントゥス属やイビセラ属は、食虫性に関して実験がほとんど行われていないのにもかかわらず、比較的最近まで食虫植物として名を連ねてきた。そういう意味では、チェイスら[17]による論文は、食虫植物として記載された経緯を調査し、そしてその食虫性に関する調査が行われていないことから、はっきりと「食虫性がない」のではないかと文章に残している点で重要である。実際に、イビセラ属はプワチノら[24]によって食虫性が否定されたし、パエパラントゥス属はニシら[25]によって食虫植物とは異なる興味深い特徴が明らかになっている。

定義を見ても理解できるように、原始食虫植物や捕殺植物は食虫植物と非食虫植物の中間的な性質を持っている。また、食虫植物内でもその食虫性の程度はさまざまである（くわしくは3・3節、5・2節、5・3節参照）。まとめれば、食虫植物から非食虫植物までの食虫性の程度は連続的なものなのである。そして人によって食虫植物か非食虫植物かの解釈を分けさせる原因となる。これが分類を混乱させ、具体的な事例を挙げるならば、カトプシス属、パエパラントゥス属、イビセラ属、トケイソウ属、ルリマツリ属、スティリディウム属であり、これらの植物群はとくに、人によって食虫植物、原始食虫植物、捕殺植物のどの区分に含めるかが異なる。したがって、文献によって各区分を行ったり来たりするので、非常に混乱しやすい。

1・4　小動物が植物に捕まる理由

まず、食虫植物ではないかと疑われるには、植物が小動物を捕獲することが必要である。そのうち、「獲物からの養分」を得るものを食虫植物と考えることができる。では、食虫性を有していない植物が小動物を捕らえる理由は何か。非食虫植物の「養分」以外の理由を明らかにすることで、非食虫植物の生態の適切な理解につながるだろう。間接的に、食虫植物という区分に含まれる植物が安易に増えないようにする効果もあるだろう。

「養分」以外の理由はふたつあり、ひとつは「送粉者としての利用」、もうひとつは「食害者からの防御」だ。また、植物が積極的に捕獲しようとしていなくても、小動物が植物体から抜け出せずに死んでいることもある。こういう植物体の構造によってもたらされる「意図されない死」も、小動物が植物体上で死ぬ要因となる。

送粉者としての利用

送粉で利用された小動物が結果として死んでしまう事例は、サトイモ科テンナンショウ属の植物が有名だ（**図1－3**）。この植物は雄雌異株であり、花粉を小昆虫などに運んでもらう。雄花も雌花も花をとりまく仏炎苞（ぶつえんほう）が落とし穴のようになっていて、送粉の際に昆虫はなかに落ちてしまう。雄花には出口が用意されていて、昆虫は花粉をつけて外に出るが、雌花には出口がなく入るとそこから出てこられずに衰弱してしまう。出られないようになっているのは、おそらく花粉をつけた昆虫が受粉せずに雌花から離れるのを妨害するためであろう。雌花を切り開くと昆虫の死骸がびっしりつまっていることがあり、この様子を見るとまるで花が虫を食べて殺してしまったかのよう

図1－3　送粉者としての利用の事例。テンナンショウ属の植物ムロウテンナンショウの花。花をとりまく仏炎苞が落とし穴のようになっているが、食虫植物とは異なり分解、吸収を行わない。

だ。しかし、前述どおり、これらの虫をテンナンショウ属の植物が養分として利用することはない。

食害者からの防御

この事例はいくつも存在する。たとえば、ムシトリナデシコは花茎が粘つくことで知られる(**口絵③**)。これは送粉に寄与せず、盗蜜を行うアリなどの小動物を妨害するためだと考えられている。ここで捕らえられた小動物は、ムシトリナデシコによって消化分解されることも、養分吸収されることもない。

モチツツジもここにおいて最適の事例のひとつだ。この植物は葉や若枝、萼(がく)片に多数の腺毛を有しており、粘液を分泌する(**口絵④**)。これもまたムシトリナデシコと同様、食害する小昆虫類を妨害するために発達しており、モチツツジに食虫性はないと考えられている。実際、モチツツジは消化酵素を分泌せず、また捕らえた小動物から養分を得ることもない。[29]

偶然的な死

植物側の構造が小動物を捕らえるように発達させたものでなくても、ときとして小動物はその構造によって死に至ることがある。植物体上にできた水たまり(ファイトテルマータ)を例に挙げると、アナナス科(パイナップルの仲間)の一部は葉腋(ようえき)に水を溜めることで知られ、そのなかで小動物が溺れ死ぬことがある。しかしながら、アナナス科植物は乾燥に備えて水を溜めるのであって、小動物を捕らえるために水を溜めるのではない。したがって、この小動物の死は植物側にとってはまったく偶然の出来事である。この小動物の意図されない死は、ファイトテルマータによる罠を展開する食虫植物と明確に区別されるべきものである。

食虫性の検証の必要性

上記の観点から見たとき、食虫植物と非食虫植物の間に明瞭な境界線が引けるようにも思える。しかし、食虫植物においても防御のために小動物を捕獲していると考えられる場合がある。たとえば、ゲンリセア属のゲンリセア・ビオラセアやドロソフィルムはれっきとした食虫植物だが、花茎に存在する腺毛は養分のために小動物を捕らえるというよりも、食害からの防御のために発達していると思われる。さらに、アルカラら[30]によれば、腺毛を除去したムシトリスミレ属のピングィクラ・モラネンシスは、野外では一八倍、実験室では三倍食害を受けやすく、腺毛は捕虫以外に防御としての側面も有していた。したがって、食害者から防御しているように見えるからといって食虫植物ではないといいきるのは難しいかもしれない。

植物側にとって意図されない死も、決して明らかであるとは限らない。前述の例で紹介した、アナナス科の植物でさえ、ひと目で理解できるかは怪しい。なぜかといえば、アナナス科の水を溜める種のなかには、食虫植物と非食虫植物が含まれるからである。

またそれ以外にも食虫植物との類似点が見つかり、食虫植物のように見える場合もある。防御のために腺毛が発達しているモチツツジカスミカメという昆虫が植物体上に生息している[29,30]（**口絵④**）。モチツツジにはモチツツジに捕らえられた昆虫類は、このカスミカメムシから攻撃されたり捕食されたりし[31]、この関係性は一見ロリドゥラ属を思い起こさせる。しかし、捕らえられた小動物からの養分吸収が否定されたのは、前述したとおりである[29]。

「養分」以外の理由があるとしても、これまでの議論から必ずしもその植物の食虫性の否定にならない。結局のところ、「ある捕殺植物が食虫植物ではない」というためには、食虫性の検証がなされる必要があるのだ。食虫植物においてさえ、捕獲する理由が養分ではなく防御であろう場合もあり、ここでも食虫植物と非食虫植物の連続性の問題が顔をのぞかせる。食虫植物の食虫性は防御形質から進化してきたものではないかとも考えられ、明確な線引きが難しい（第5章参照）。

しかし、食虫性の否定に関する補強にはなるかもしれない。少なくとも、食虫植物かどうか疑われている植物について、一度はこの観点から考えてみてもよいだろう。小動物が植物体上で死んでいる様子を見たときに、「それは送粉過程で死んだのではないか」「植物の防御によるものではないのか」「偶然ではないのか」といったことなどを問うことは重要である（ぜひ、もう一度1・1節に立ち戻ってほしい）。食虫植物は興味の対象となるぶん、混乱の歴史が長くつづいてきた側面もあることは、チェイスら[17]の指摘からも伺い知ることができる。混乱を避けていくうえでは、むやみに食虫植物を増やすよりも、少なくする方向で慎重に議論したほうがよいのではないかと私は考えている。

＊　＊　＊

本章では、食虫植物の定義について概観した。まず、食虫植物とは一般に「小動物を誘引し捕らえる機構を持ち、捕らえた生物を消化・吸収し自分の成長に役立てる植物」のことである。これらのうち、捕獲能力、吸収能力と養分活用能力は植物側に必須能力であり、共生者も含めた場合は消化能力も必要である。必須能力を備えているものは、食虫植物と呼んで差し支えない。誘引能力はすべての食虫植物が有しているのか、くわしくは明らかではない。

食虫植物には食虫性〔誘引能力、捕獲能力、消化能力、吸収能力および養分活用（適応度上昇）能力〕というはっきりした特徴があるようにも思えるが、じつは不明瞭な側面がある（**図1－4**）。その原因となるのは、吸収能力や養分活用能力の検証が難しいことや、食虫植物と非食虫植物が連続的なものであることといった問題である。そして、人によっては肉眼観察や実験結果の解釈が異なっていることがあり、ことさら境界を不明瞭にしてしまう。食虫植物の分類は混乱しているといわざるをえない。今後は分類に関して実験的な検証が望まれる（**図1－5**）。

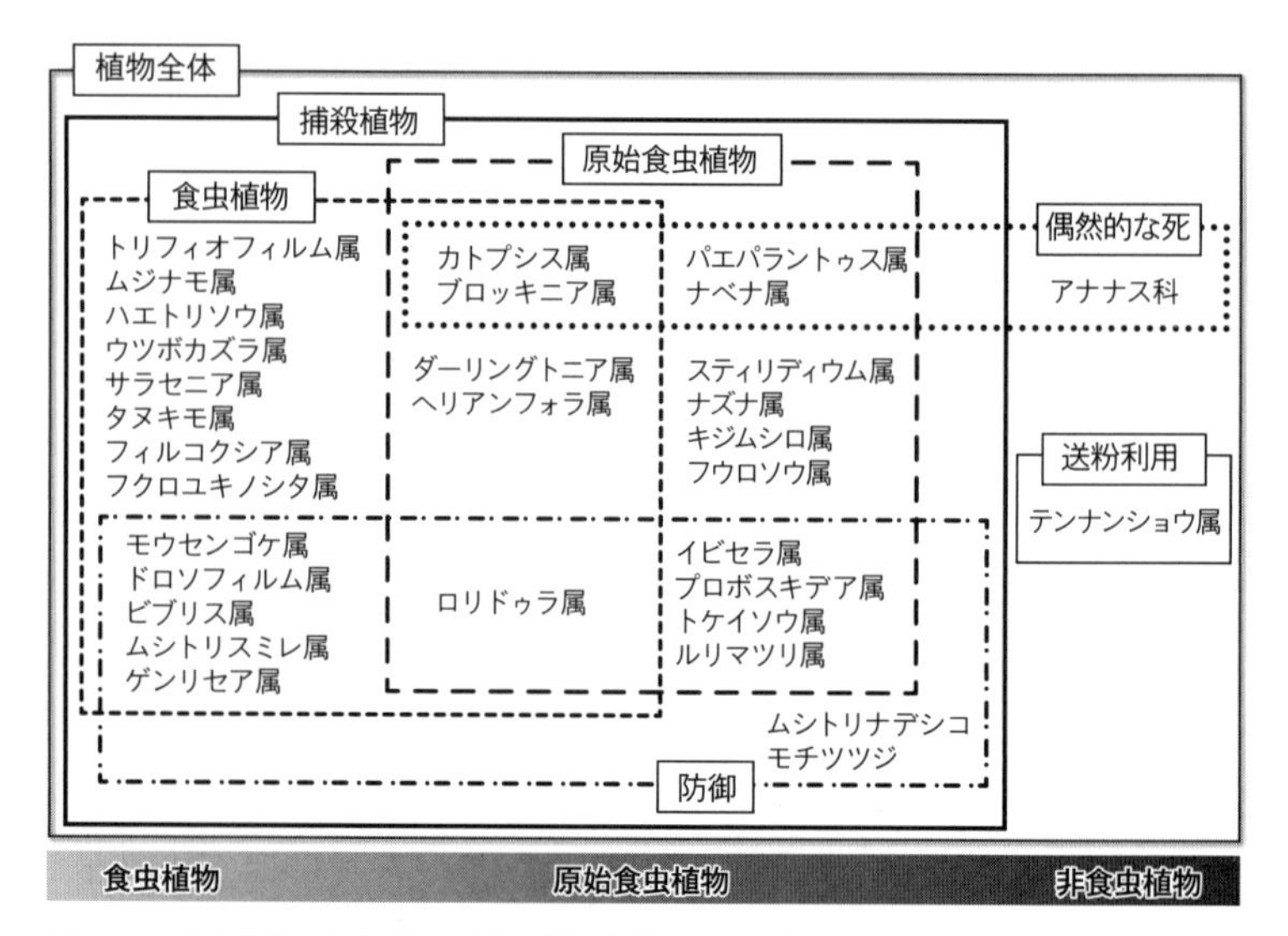

図1－4　食虫植物、原始食虫植物、捕殺植物の位置づけ。実線と破線はそれぞれ境界が明瞭であることと不明瞭であることを模式的に示している。各分類に含まれる植物は、検証によってその位置が変わりうる。

捕獲の理由という観点から議論をすれば、食虫植物と非食虫植物を区別することが可能なようにも思える。しかし、この区分法にも問題がある。食虫植物も捕虫以外の理由で虫を捕らえることがあるし、ほかにも非食虫植物と似通った性質を示すことがあるからだ。ただし、厳密に分けることができなくても、一度はこの観点から捕殺植物を見直してみてもいいかもしれない。

　食虫植物と非食虫植物の境界線上に存在する原始食虫植物に対して、一概に定義を適用できないという問題はあれども、食虫植物という植物は実際に存在するのであり、興味深い植物群であることに違いはない。

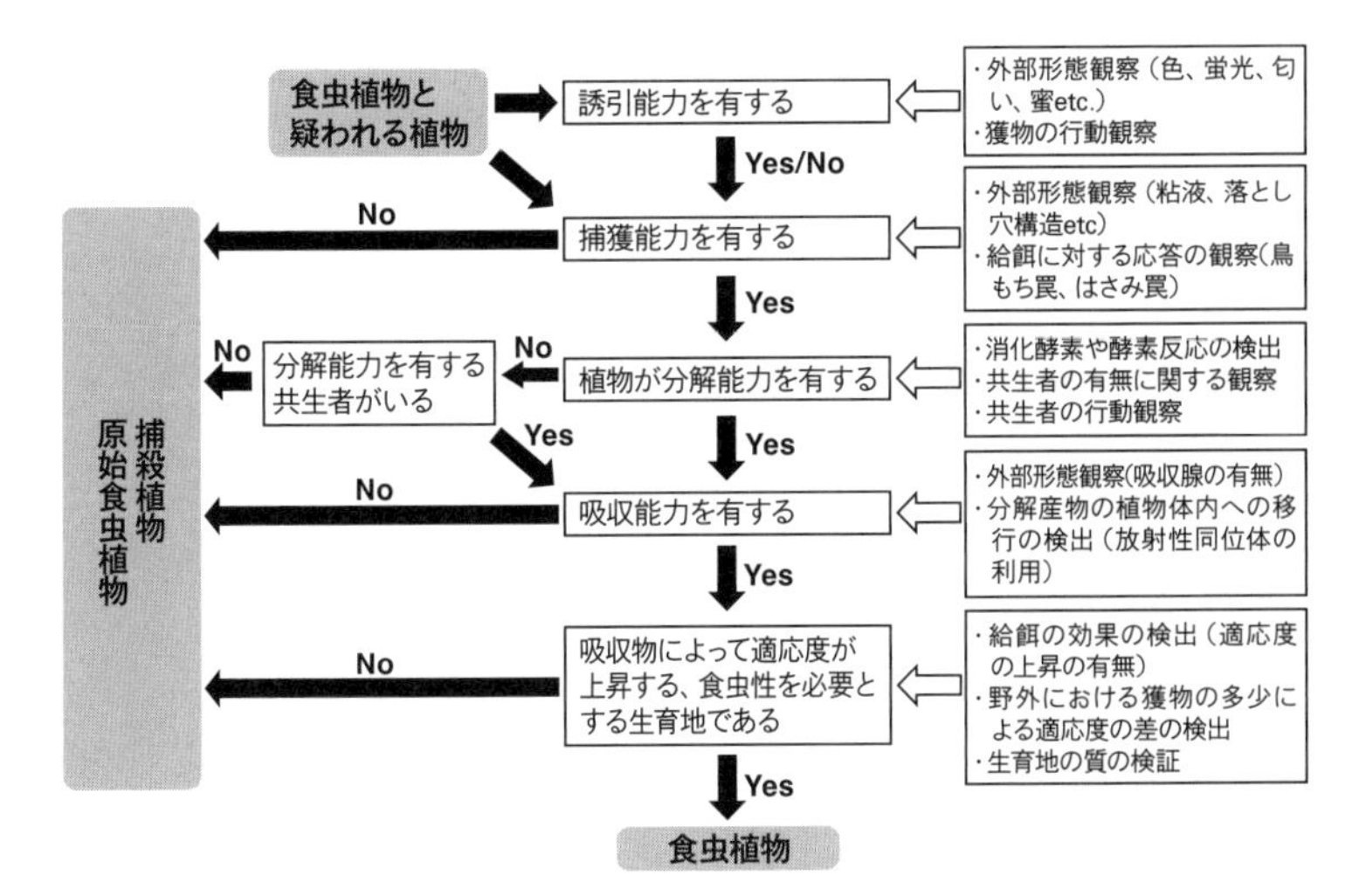

図1−5　食虫植物の確認プロセス。とくに「養分活用」能力の確認なしに、食虫植物と認めることはできないだろう。

食虫植物は一般的に考えられている植物と共通している側面と相異なる側面を持っている。それは食虫植物特有の、ほかの生物、環境との関係性や特性があるということであり、それらの相互的関わりは普通の植物だけを見ていては明らかにはできない。以降の章ではそのような食虫植物の各特性に目を向けることにしよう。

コラム2

生態に基づく植物の分類

植物はその生育の形態や生育地に基づいた、分類名で呼ばれることがある。ある植物が木になるのか、草になるのかという植物の生活のとらえ方を習性（habit）という。また、植物はさまざまな環境に生育しており、生育地（habitat）に基づいた呼ばれ方をすることがある。これらの分類を知ることで、食虫植物がどのような生態をしているのかを、端的に理解することが可能となる。本コラムでは、『図説 植物用語事典』[37]および『岩波生物学辞典 第4版』[38]をもとに、とくに食虫植物の生態を理解するうえで重要な、植物の生態に基づいた分類について紹介しよう。

習性に基づく分類

草本植物（いわゆる草：herbaceous plant, herb）は二次組織（茎の組織の一部）が木化も肥大生長もしない植物を指す。木化すると、ほかの生物に分解されにくくなるため、木化しない草本植物の地上部の存続期間は比較的短い。生育に不適な期間が一年以内に訪れる場合は、少なくとも地上部が生育不適な期間に枯死してしまうことが多い。一年草（annual herb）は、発芽してから一年以内に開花結実、そして地下部を含めて枯死する植物である。生育不適な期間は、種子で過ごす。一方で、多年草（perennial herb）は発芽してから、少なくとも地下部が二年以上生存する植物である。生育不適な期間は、地上部が枯死して地下部の球茎、塊茎、根茎、塊根で過ごすか、地上茎もしくは地下茎に休眠芽をつくって過ごす。食虫植物の多くは草本であり、後述の木本植物は少ない傾向がある。

　木本植物（いわゆる樹木：woody plant, tree）は二次組織（茎の組織の一部）で木化や肥大生長が認められる植物を指す。草本植物に対して、地上部が木化するので地上部の存続期間が長く、複数年生存、開花結実する。木本植物は高さと幹の形状によりさらに細かく分類される。主幹が明瞭な樹木は、高木（喬木：arbor）と亜高木（小高木：subarbor）と呼ばれ、それぞれ高さ八メートル以上、三〜八メートルである。主幹が明瞭ではなく、根際もしくは地下部で複数の幹が分かれて生じる樹木は、低木（灌木：shurb）と矮性低木（小低木：dwarf shurb）と呼ばれ、それぞれ高さ〇・三〜三メートル、〇・三メートル以下である。また、亜低木（亜灌木、半低木：subshurb）は低木と同様に主幹が明瞭ではなく、根際もしくは地下部で複数の幹が分かれて生じるが、茎の下半分、もしくは根際のみが木化し、草と木の中間的な性質を示す。

　つる植物（climbing plant, liana）は上記の草本、木本とは異なる区分であり、両者にまたがる。つる植物は自身の茎では直立できず、ほかの植物に巻きつくかよじ登るかして、立ち上がる。つる植物のうち、草本性のものは草本性つる植物（つる草：herbaceous liana）、木本性のものは木本性つる植物（藤本：woody liana）と呼ばれる。

以上が、習性に基づく分類である。ただし、草本と木本の区別は分類の仕方によって異なっており、また必ずしも草本と木本の区別が明瞭にできる場合だけではないことを付記しておく。

生育地に基づく分類

生育地の水分環境に関する分類では、水生植物（hydrophyte）、湿生植物（hygrophyte）、中生植物（mesophyte）、乾生植物（xerophyte）がある。水生植物は、生育期の少なくとも一部を水中もしくは抽水（体の一部が水上に出ている状態）で過ごす植物である。湿生植物は、湿原などの水の豊富な環境で生育し、抽水状態で生育する植物である。乾生植物は砂漠などの利用できる水分の少ない環境に生育する植物を指す。中生植物は湿生植物と乾生植物の中間的性質を示し、一般的に見られる。

生育する地域に関する分類では、高山植物（alpine plant）、渓流植物（rheophyte）がある。高山植物は森林限界以上氷雪帯以下の標高の高山帯に分布する植物である。渓流植物は水の流れの速い場所、もしくは洪水時に水没する渓流帯に生育する植物である。前者は風雪、後者は急流による物理的な攪乱を伴い、とくに背の高い樹木にとっては生育不可能な環境となる。

生育する基材に関する分類では、岩生植物（lithophyte）、着生植物（epiphyte）がある。

岩生植物は岩上に、着生植物は樹木上に生育する。岩上も樹上も多くの場合は土壌が未発達であり、また水が限られた環境であるために、大型の植物が生育するには適さない。

土壌の基岩に関しては石灰岩植物（limestone plant）、超塩基性岩植物（ultrabasicolous plant）、化学的性質に関しては酸性植物（acidic plant）、塩基性植物（alkaline plant）、塩生植物（halophyte）という区分がある。そのうち、絶対的な石灰岩植物は塩基性植物であり、絶対的な超塩基性岩植物は酸性植物である。

食虫植物は、その多くが水生植物か湿生植物であり、ほかには高山植物、渓流植物、岩生植物、着生植物に分類される種類も多い。湿原や超塩基性岩（蛇紋岩（じゃもん））土壌に生育する食虫植物は酸性土壌に生育するために、酸性植物でもある。石灰岩地帯に生育する食虫植物は、石灰岩植物か塩基性植物、あるいはその両方である。海岸沿いに生育する食虫植物には、降りかかる海水から受ける塩分に耐性があると考えられ、塩生植物であろうと推察される。いずれにおいても、食虫植物はほかの大型の植物が生育できないようなストレス環境に生育しており、大型の植物との競争を避けていると考えられている（第3章参照）。

第2章

食虫植物はどのように虫を捕まえるか

ハエトリグサとネコは優秀なハンターである。しかし、両者は根本的に「狩りのやり方」が異なる。食虫植物が獲物を探して動き回ることはないし、獲物を追いかけまわすこともしない。食虫植物はその場を動かずに、いかに獲物を捕らえるのだろうか。

食虫植物は特徴として獲物を捕獲する機能を有している。多くの植物は動くことはなく、それは食虫植物にもごく一部を除けばいえることだ。たとえば落とし穴式、多くの鳥もち式、そして迷路式の罠は、まったく動くことはない。では、動かない食虫植物はいかにして獲物を捕らえるのだろうか。

一方でエネルギーを使って動くことは食虫植物にとって大きなコストである。その生態や生育環境の特性（第3章参照）から、動ける回数や範囲の限界は決まっているので、罠を作動させるときは確実に獲物を捕まえなければならない。動く罠の代表格ははさみ罠式や吸い込み罠式であろう。では、動く食虫植物はどうして正確に獲物を捕まえることができるのであろうか。

本章では捕虫方法を具体的に見ていこう。

2・1　落とし穴式

《該当植物》ブロッキニア属、カトプシス属、フクロユキノシタ属、ダーリングトニア属、ヘリアンフォラ属、ウツボカズラ属、サラセニア属これらの植物は、葉が袋状に変化した捕虫器もしくは葉の重なりに水を溜めた捕虫器のいずれかを有する（**図2－1、口絵⑤**）。前者でとくに有名なのはウツボカズラ属であろう。前者でほかにあがるものとしてはサラセニア属やヘリアンフォラ属、ダーリングトニア属、フクロユキノシタ属がある。後者はブロッキニア属やカトプシス属が含まれる。この袋状もしくは水溜まりの捕虫器はまさに落とし穴の役割を果たすため、落とし穴式、もしくは袋罠式といわれる。

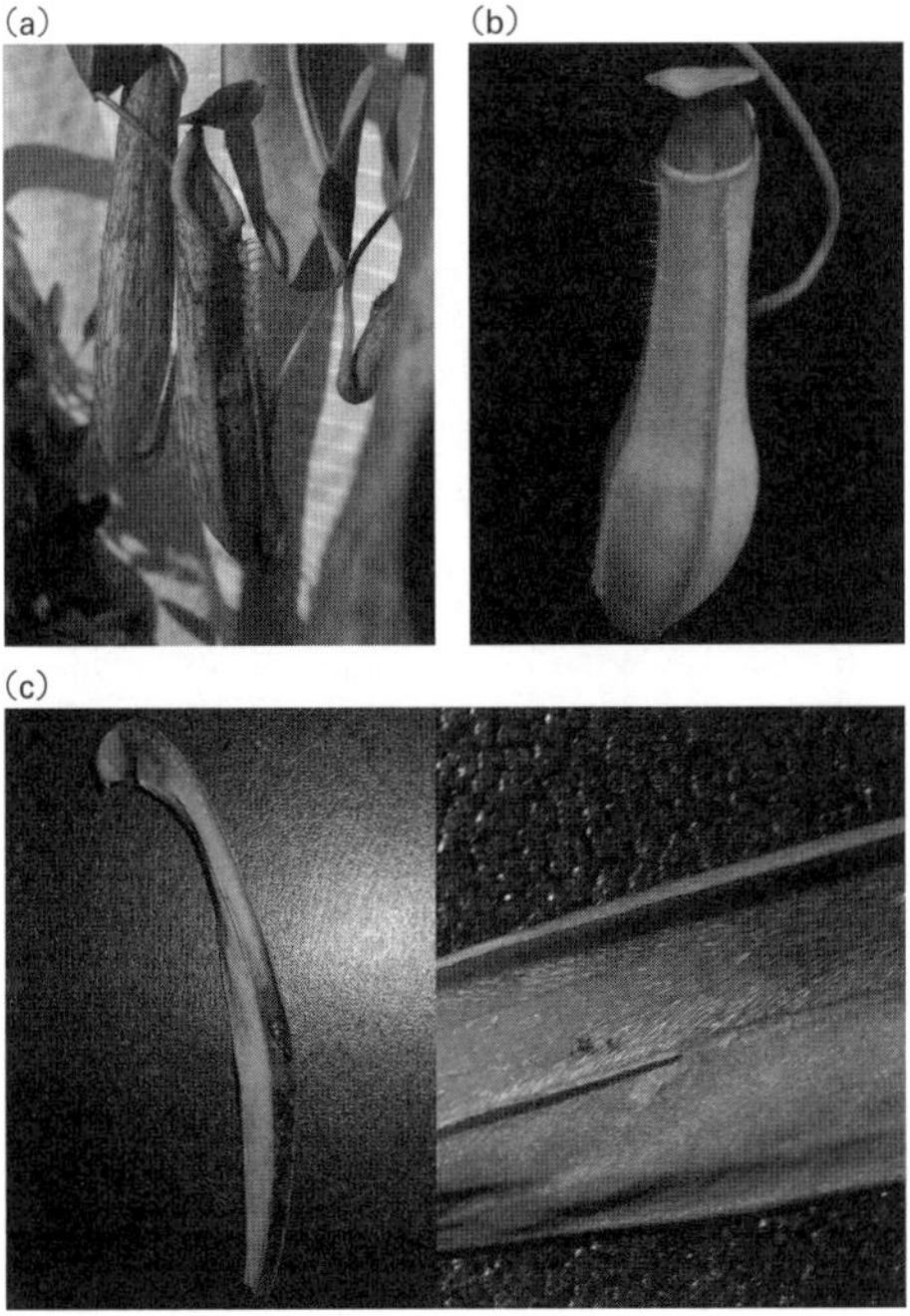

(a)

(b)

(c)

図2－1 落とし穴式。(a) ネペンテス・マキシマ、(b) ネペンテス・グラシリス。蓋や口縁部は滑りやすくなっている。(c) サラセニア・ミノールの捕虫器の断面。奥に向かう毛があり、一度入ると、もがけばもがくほど奥に入り込んでしまう。

英語圏でも同じくpitfall trapやpitcher trapと呼ばれる。

獲物の誘引には、派手な色彩や蛍光[39,40]、捕虫器入口付近の蜜腺[41]が効果を発揮していると考えられる。これらに惹かれた獲物の捕獲の要となるのは、捕虫器の入り口付近の滑りやすい構造である。ウツボカズラ属ではこの入り口付近の構造（「襟（ペリストーム）」と呼ばれる）についてよく調べられている。この襟部分では獲物の脚と襟の間に水が入り込む現象（ハイドロプレーニング現象などと呼ばれる）が発生しやすく、滑りを誘発することが知られる[43,44]。多くの場合、捕虫器内部に水が溜まっており、滑り落ちたあとは、獲物は這いあがれずに溺れ死ぬことになる。とくにウツボカズラ属は捕虫葉内部が脚をかけても簡単にはがれ落ちるワックス層で覆われており、より這いあがりにくくになっている[45]。水を溜めない食虫植物の場合、捕虫器内部に奥へと向かう毛が生えており、一度入ると後進ができなくなる。中に入り込んだ小動物は最終的には出られず衰弱死する。捕虫器に奥へ向かう毛を生やし、同時に水を溜める食虫植物もいる（サラセニア科）。死んだ獲物は、消化酵素や共生生物によって分解されて食虫植物の養分となる。

落とし穴式は動かない捕虫法の代表格である。よく勘違いされるが、ウツボカズラ属に見られるような捕虫器の蓋は一度開くと閉まることはない。蓋を使って、入った獲物を閉じ込めるというのは誤解である。また、内部の液体には消化酵素が入っているものの、獲物はそれにより死ぬのではなく、先に溺死する。酵素は急速に反応するものではなく、フィクションで表現されるように内部の液体に入った瞬間に溶けることはない。動いたり素早く溶かしたりといったダイナミックさはないが、獲物を罠に誘い、陥れる過程から、罠に入り込んだ獲物を逃がさないしくみまで、じつに巧妙である。なかにはウツボカズラ属[46]やサラセニア・フラバ[47]のように、罠にはめるために麻酔を用意していると指摘される種も存在する。ただし、麻酔に関しては昆虫などに蜜をなめさせて反応を見るなど、直接的に証明した研究は存在しない。

2・2 鳥もち式

《該当植物》ビブリス属、モウセンゴケ属、ドロソフィルム属、フィルコクシア属、ムシトリスミレ属、ロリドゥラ属、トリフィオフィルム属

これらの植物は葉や茎に粘液腺を持ち、粘液によって小動物を捕獲するという方法をとる(**図2-2**、**口絵⑥**)。この粘着による捕獲から粘着罠式、あるいは鳥を粘着によって捕らえる罠になぞらえて鳥もち式と呼ばれる。英語圏では、同様に adhesive trap、あるいは鳥もちではなくハエ取り紙にたとえて flypaper trap といわれる。有名なのはモウセンゴケ属とムシトリスミレ属であろう。モウセンゴケ属は獲物の動きを封じるように動くが、ムシトリスミレ属は動くといってもよりよく消化できるように緩やかなくぼみを葉につくる程度である。このふた

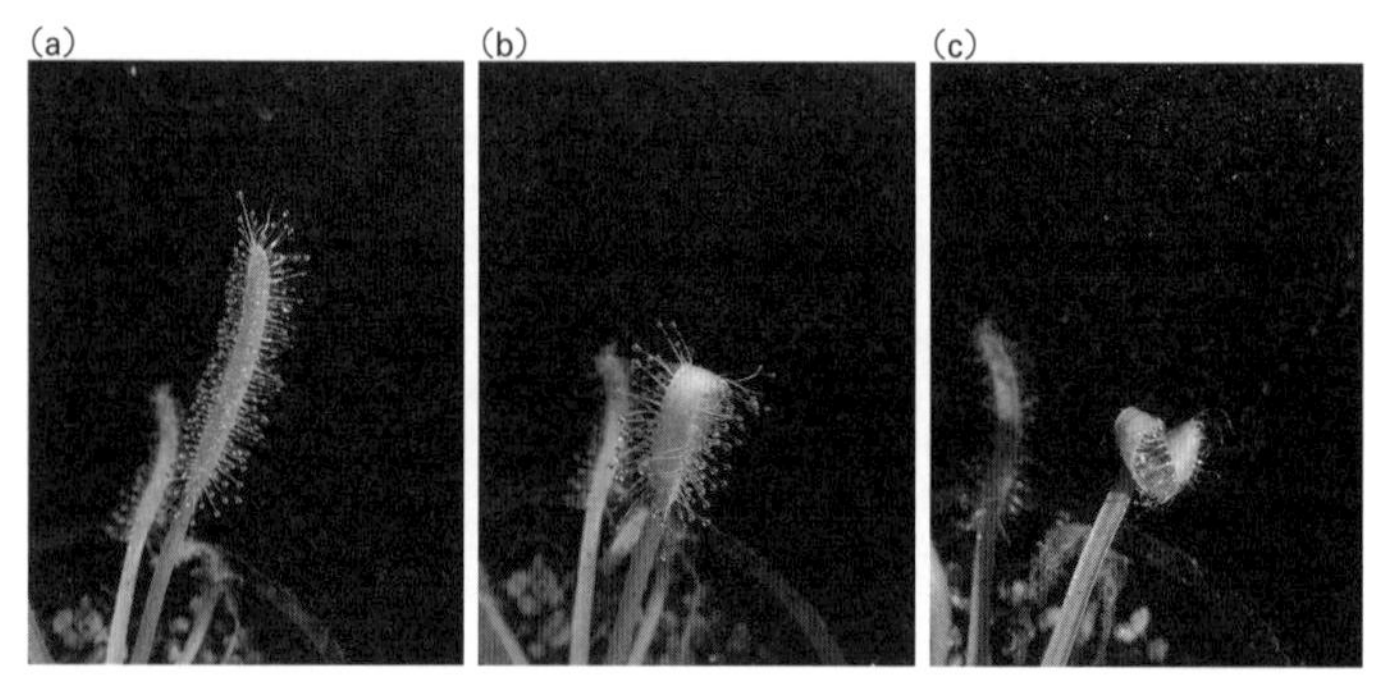

図2－2 鳥もち式。(a) アフリカナガバノモウセンゴケの捕虫葉と (b) チーズを与えて1日後、(c) 5日後。チーズを与えると腺毛と葉全体が屈曲し、包み込む。

つの属を除き、ほかはまったく動かない。

粘液の組成は、モウセンゴケ属やドロソフィルム属では、水性の酸性多糖類（この分類に含まれる物質としてジャムに含まれるペクチンなどが挙がる）であることが明らかとなっている[10,48,49]。ビブリス属、ムシトリスミレ属やトリフィオフィルム属ではよくわかっていないが、おそらくは多糖類であろうと思われる。一方でロリドゥラ属は、粘液の組成は親油性のトリテルペノイド（イメージとしては松ヤニみたいなものである）であり[50]、前者と異なって酵素が粘液中に含まれないが、強力な粘着性を有する。鳥もち式の罠は、粘液そのものが誘虫灯の役割を果たし、獲物を誘引すると考えられる。また、ナガバノイシモチソウやドロソフィルムのように強い匂いを発して獲物を誘引するものも存在する。

原始食虫植物や捕殺植物においてもこの手の罠はよく用いられている。これらの植物の場合、防御形質としての側面だと考えるのが妥当であろうが、防御形質から食虫性へ進化を考察する材料となる捕虫法でもある（くわしくは第5章）。

2・3　はさみ罠式

《該当植物》ムジナモ属、ハエトリグサ属

図2－3　はさみ罠式。ムジナモ。捕虫器は車輪状に配置される。

これらの植物が有する二枚貝状の捕虫器は、獲物が通り抜けようとすると、素早く動いて獲物を閉じ込める（**図2－3、口絵②⑦**）。この罠は、はさみ罠式もしくは閉じ込め式といわれる。英語圏では、ネズミ取り機や虎ばさみにたとえてsnap trapやbear trapと呼ばれる。虎ばさみはまさにそのままといった形である。

この捕虫法の驚くべきところは、自身のエネルギーを使って体構造を変化させるのにもかかわらず、素早い動きが可能という点だ。タヌキモ属のように水圧といった外部からかかる力を利用するのではない。

各属にはそれぞれムジナモ、ハエトリグサの一種ず

つしか属していない。異属であるが互いにもっとも近縁な種であり[51]、その捕虫のしくみもよく似ている。ハエトリグサの華麗な捕虫を見て食虫植物を知り、その魅力にはまったという人も少なからずいるであろう。ハエトリグサの捕虫器の二枚の裂片には、三本の感覚毛が中央部に並んで生えている。つまりひとつの捕虫器に感覚毛は三対計六本生えている。この捕虫器からは揮発性物質が発せられており、果実や花の香りに擬態し、獲物を誘引していると考えられている。[52]捕虫器の内部は赤く色づき、また蛍光を発することが知られ[41]、これらも獲物の誘引に関わっていると考えられる。

獲物がこの罠を通り抜けるとき、六本あるうちのいずれかの感覚毛に短時間（約二〇秒以内）で二回触れると、罠が作動して獲物を挟み込む。[53]反応時間は〇・五秒で、植物の動きから予想されるよりもずいぶん速い。この素早い構造変化を起こせる理由はいまだに不明であり、いままでにいくつもの仮説が提唱されているが[4,54,55]、後述の説を除いて否定的な結果が出ている。[56,57]有力な説として、膨圧による細胞のわずかな構造変化が葉全体の大きな動きを生み出していると考えられている。[58,59,60]イメージとしては、キッチンのシンクに熱湯を注いだときに大きな音をたてる現象に似ている。シンクの金属板がたわんでいるところに熱湯を注ぐと、金属の膨張による小さな変化によってたわみの方向が変わって、「ボコンッ」という音をたてるのだ。膨圧が高まり弾性エネルギーが蓄積することで、罠の作動の準備が整うこととなる。

挟み込むと同時に葉縁部にあるトゲ状突起が根元から内側に曲がり、まさに檻のようになる。

閉じられたとき、はじめは空間があって獲物にはまだ動くスペースが与えられているが、しだいに狭まり最後は各裂片から圧迫を受け死に至る。その段階になると、消化液を分泌し、分解が行われる。

感覚毛に二回触れることで罠が作動する意義は、このようなしくみになることで無生物（つまり動き回らないもの、雨粒など）が感覚毛に触れて誤作動をするのを防ぐことができる。また、確実に獲物を捕虫器のなかに閉じ込める機能があるとされる。一回目に反応すると、作動しても獲物ではなかったり、獲物の体の一部しか捕まえられず逃げられたりする可能性がある。この罠がほかの植物の罠と一線を画すのは、あの素早い動きにエネルギーが必要であるという点であり、実際、罠の作動後にはかなりのATPが消費される[61]（ただし、ATPの作用メカニズムはわかっていない）。ほかの罠では罠の作動にエネルギーが必要であるかは示されていない。またそれにより、消化の過程での呼吸量の一時的な増加と光合成の阻害が起こる。[62] したがって、罠の作動にはかなりのコストがかかる。罠を作動させたにもかかわらず獲物を捕らえられないことはハエトリグサにとって大きな負担となるため、獲物を確実に捕らえるしくみはきわめて重要であろう。

なおムジナモの場合、捕虫器の感覚毛はもっとたくさん生えており、感覚毛に一回触れるだけで罠は作動する。そして反応時間は百分の一～五〇分の一秒とさらに速い。また、罠の作動原理はよく似ているが、捕虫器の閉じるときの形態変化は異なっている。ハエトリグサの場合は裂片が屈曲して閉じるが、ムジナモの場合は裂片をつなぐ中肋（ちゅうろく）が屈曲して閉じる。[63]

2・4　吸い込み罠式

《該当植物》タヌキモ属

タヌキモ属は袋状の罠により吸い込むことで獲物を捕らえる（**図2-4**）。したがって、この罠は吸い込み罠式（suction trap）と呼ばれる。また、英語圏では袋状の罠を「袋」という言葉を使い bladder trap ということもある。タヌキモ属の一属しかこの捕虫方法を行わないが、タヌキモ属は食虫植物のなかでも一番大きなグループであり、種数は他に引けをとらない。

この捕虫の原理自体は単純である。捕虫器は地中や水中に配置される入口がひとつの袋構造である。獲物を捕らえる前の捕虫器はつぶれた形となっているが、これは内部の水が袋の外に排出されつづけるためであり、内部は陰圧となりつぶれた形になる。状態としては指でつぶしているスポイトのようなものである。これで罠の準備が完了したことになる。常に水を捕虫器内部から汲み出しつづけるにはエネルギーが必要である。そのためか、タヌキモ属は捕虫器のほうがより呼吸量が多いことが明らかとなっている。[64,65] 捕虫器入口付近には、水生種ではアンテナと呼ばれる付属物が、地表種では入口前に獲物の待機場所をつくるような形の付属物が存在

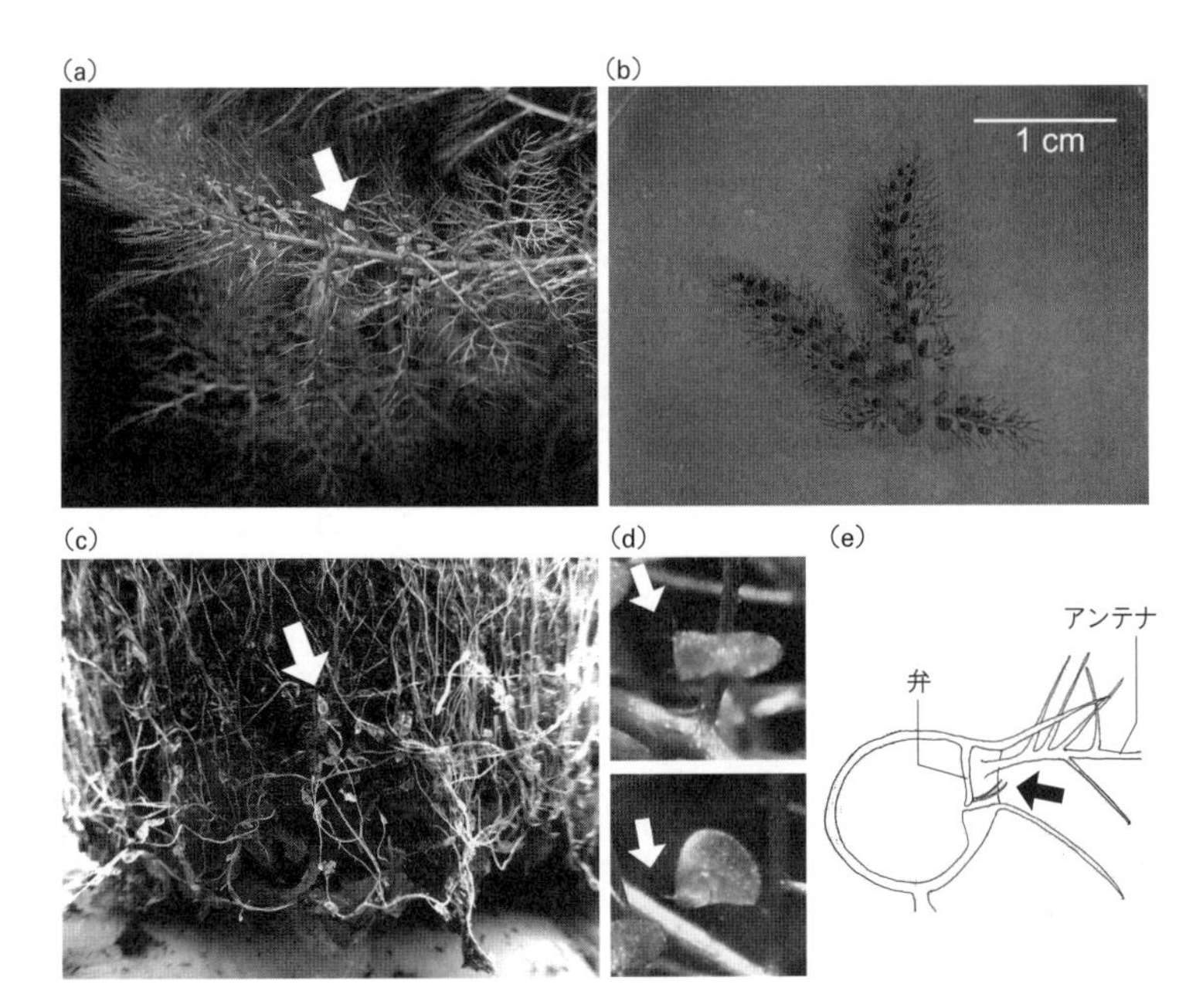

図 2－4 吸い込み罠式。(a) イヌタヌキモ、(b) オオタヌキモ、(c) ウトリクラリア・ワーブルギー。袋状の捕虫器は水中や地下部に形成される（白矢印)。(d) イヌタヌキモの捕虫器の拡大。捕虫器入口付近にアンテナが見える（白矢印)。(e) タヌキモ属捕虫器の模式図。矢印で示した部分が、吸引の引き金となる毛。(e) は文献10をもとに作成、改変。

している。ともに、獲物を入口まで誘導する役割を果たす。[2,66] 獲物がそばにやってきて、捕虫器の入口を塞いでいる弁の毛*に当たると、その衝撃で捕虫器の入口を閉じていた弁が開き、（まるでスポイトで水を吸うようにして）周りの水ごと捕虫器に吸い込まれる。弁が開いて、獲物の吸い込みを完了するまでにかかる所要時間は一〇〇〇分の一〇〜一〇〇〇分の一五秒であり、きわめて短い。捕虫器の排水は起こりつづけるので、次第に獲物は押しつぶされる。その後、消化液が分泌され、分解、吸収される。分解は数時間程度で終わるが、捕まった生物によっては消化酵素に耐性を持ち生存するものもいる。

2・5　迷路式

《該当植物》ゲンリセア属

タヌキモ科に属するゲンリセア属は、ムシトリスミレ属やタヌキモ属に近縁だが、その二属とはかなり異なる独特の方法で獲物を捕らえる。ゲンリセア属が用いるのは一度内部に侵入すると、外に出られないようになっている複雑な構造の罠だ（**図2-5**）。獲物が誤って罠のなかに迷い込む様子から、この罠は一般に迷路式と呼ばれる。しかし、獲物は罠に迷い込みこそすれ、捕虫器内では消化腺のあるところまで一本道であるため、〝迷路〟と呼ぶのは少し語弊があるかもしれない。ほかには誘い込み式（snare trap）といういい方もある。英語圏では、一度入ったら後戻りできない罠であるエビ籠やウナギ筒にたとえて、lobster-pod trapやeel trapと呼ぶ。ゲンリセアはどちらかというとウナギ筒に近く、落とし穴-迷路式の罠のほうがエビ籠のそれに近い（コラム3参照）。

捕虫器はY字状で地中に形成される。このY字型捕虫器の〝V〟の部分がねじれて螺旋（らせん）状になって〝I〟の一部分は少し膨らんでいる。またY字型捕虫器は筒のようになっていて、螺旋状になったところには隙間が開いてなかに入れるようになっている。獲物となるのは原生生物といった小さな生物である。獲物は先に述べた螺旋の隙間から入るが、内部は奥に向かって毛が生えている。つまり一度入ると毛のせいで外には戻れない。時

＊ハエトリグサのような「感覚毛」ではないので注意。ハエトリグサのように物理接触を化学信号に変換する機能はない。

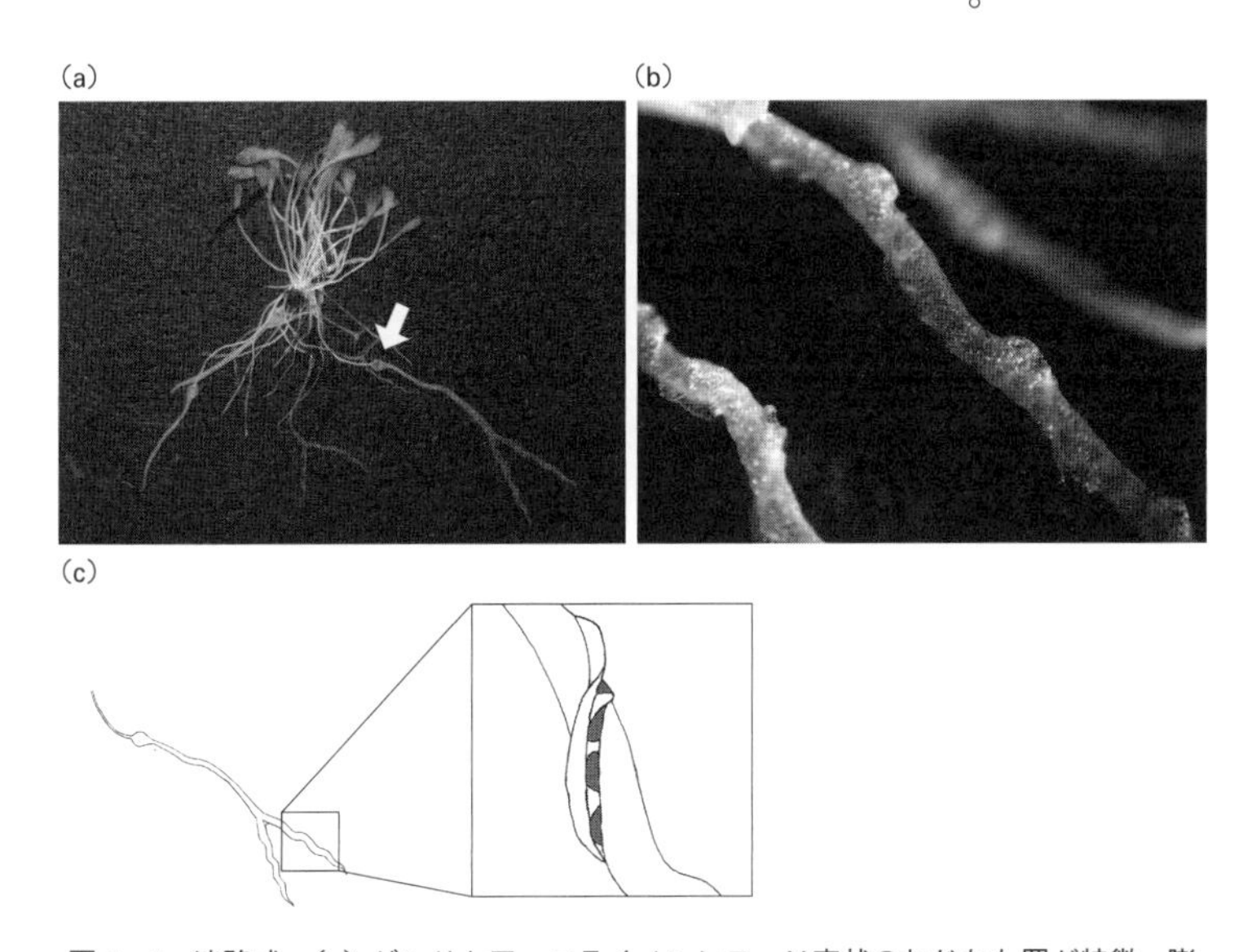

図2－5 迷路式。(a) ゲンリセア・ロライメンシス。Y字状のねじれた罠が特徴。膨らんだ捕虫器の基部は獲物を分解する場所（白矢印）。(b) ゲンリセア・ビオラセアの捕虫器の拡大。ねじれた部分に微生物の入る隙間がある。(c) ゲンリセアの捕虫器の模式図。灰色の部分は罠の内部につながる入口。

表 2-1　食虫性に関わる形質。養分活用の能力に関わる形質は、第 3 章参照。

食虫性	関わる形質
誘引	蜜、匂い、色、蛍光、光を反射する粘液、光を反射するワックス、擬態
捕獲	壺状の構造、はがれるワックス、滑りやすい構造、逆走を防ぐ毛、捕虫器内部の液体、触毛、粘液、素早く動く触毛やトゲ状突起、感覚毛、捕虫器内部から排水する細胞、筒状の構造
分解	消化腺、各種消化酵素（プロテアーゼ、ホスファターゼ、キチナーゼなど）、共生生物
吸収	吸収腺、クチクラ間隙、トランスポーター
養分活用	ストレス耐性、光合成速度、シュートのバイオマス、根のバイオマス、種子生産量

折、この隙間から水を吸い込んで水流をつくっているとの記述を見かけるが、水流は発生していない。[67] そして奥へ奥へと進み、最奥の膨らみの部分で獲物は消化される。獲物の死因としては酸欠が考えられているが、[68] プワチノら[15]は貧酸素な環境に生育するゲンリセア属の獲物が貧酸素状態に耐性がないとは思えないという疑問を呈している。獲物の誘引は、化学物質を用いると考えられていたが、プワチノら[15]によれば化学物質ではなく、土壌の隙間への擬態もしくは毛管現象で偶然なかに入り込んでしまうのが捕獲のメカニズムであろうとしている。

＊　＊　＊

食虫植物の捕虫方法について、具体的な例を挙げつつ概観した。罠はじつに巧妙であり、獲物を逃がさない仕掛けが凝らされている。捕虫に関わる形質（食虫性シンドローム）を**表 2－1** に列挙する。なお、捕虫器の色がどれほど普遍的に獲物の誘引に効果をもたらすかは議論の的となっている。[39, 42, 69, 70] ヒトにとって目立つ色でも、獲物となる生物から見て目立たないのであれば、それは獲物の誘引に効果を果たしていないことになる。たしかに、花などで目立つ色はそれと相関して紫外線を反射し、送粉者を呼んでいることも多いし、また鳥のようにわれわれと似たような色覚を持つ生物もいる。しかし、多くの場合で獲物となる節足動物の色覚、すなわち紫外光を考慮した色覚でもって、議論されなければならないであろう。

動かない食虫植物は、動かずとも獲物を捕らえられるよう、その罠にいくつものしくみがある。色を目立たせたり、明りとりをつくったり（コラム3参照）、蛍光を発したり、蜜や匂いを出したりして獲物を誘引する。そして捕虫器の口元ではハイドロプレーニング現象を起こすような滑りやすい構造をつくったり、本書では紹介できなかったが、あえて滑りを悪くして獲物を油断させたりするものが存在する。[71] なかには分泌物中に麻酔を用意する種までいる。獲物が捕まれば、そこから逃げ出すことができないように、粘着性の液体を溜めたり（コラム3参照）、這いあがることのできないような滑りやすい構造をつくったり、一度入ると逆戻りできないように奥へ向かう毛を生やしたりしている。

一方、素早い動きで獲物を捕らえる食虫植物は、エネルギーを利用しているぶん、より精巧で、生理的に複雑な罠を発達させているように見える。タヌキモ属は、獲物を捕虫器の口元に誘導するような構造を有し、圧力を利用することで確実に獲物を捕らえる。ハエトリグサ属やムジナモ属は、まるで植物と思えない動きを見せてくれる。とくにハエトリグサは、一回目の感覚毛に対する刺激を記憶し、二回目に罠を作動することで、空振りや無生物による罠の誤作動を防ぎ、獲物を正確に捕らえるのである。

コラム3

複合罠式

基本的には、本章で紹介した五つが食虫植物の用いる捕虫法であるが、なかには五つの捕虫法が組み合わされたものも存在する。

●はさみ罠‐鳥もち式・投石‐鳥もち式

《該当植物》 クルマバモウセンゴケ、ドロセラ・セッシリフォリア、ドロセラ・グランドゥリゲラなど

この捕虫法は、モウセンゴケ属の数種で確認されている。捕虫器の基本的構造はほかのモウセンゴケ属と変わりがないが、一番外側に位置する触毛のみ粘液を分泌せず長く伸びている。クルマバモウセンゴケやドロセラ・セッシリフォリアでは、この長く伸びた触毛は獲物をとり押さえる役割を果たす。獲物が粘液に捕まると、この周りの触毛が素早く動き、押さえつけて逃亡を阻止する。[72] これははさみ罠で紹介した、ハエトリグサの外縁部にあるトゲ状突起の役割と似ている（**図2‐6**）。それゆえ、この罠ははさみ罠‐鳥もち式（snap–flypaper trap）と呼ばれる。

一方、ドロセラ・グランドゥリゲラでは外側の長く伸びた触毛の役割が異なる。一番外側にある触毛は獲物に踏まれると素早く動いて獲物を持ち上げ、粘液の出ている触毛がある捕虫葉の中心部へ投げ込むのである[73]（**図2－6**）。その速さは、前述のクルマバモウセンゴケなどとは比べものにならない。この様子が投石機に似ているので、こちらは特別に投石-鳥もち罠（catapult-flypaper trap）と呼ばれる。

図2－6　はさみ罠-鳥もち式。（a）クルマバモウセンゴケ。周縁部の触毛には粘液が見られない（白矢印）。この触毛は獲物が罠にかかると、素早く屈曲する。（b）ドロセラ・グランドゥリゲラと（c）クルマバモウセンゴケの外縁部の触毛の屈曲の模式図。（b）は文献72、73を参考に作成。

(a)

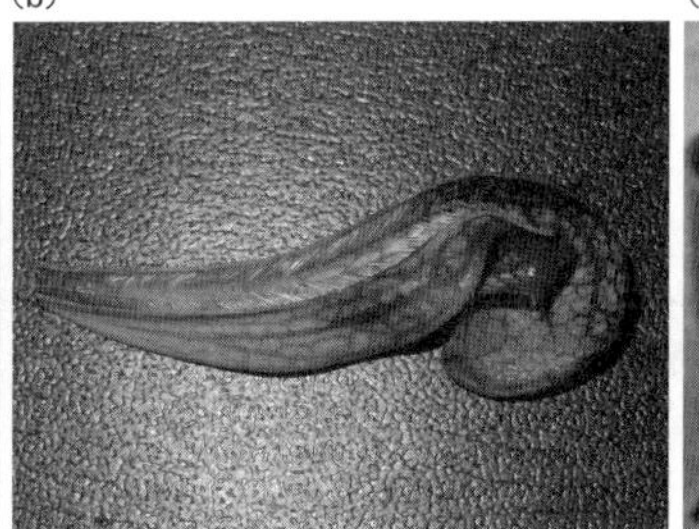

(c)

図2－7 落とし穴–迷路式。(a) サラセニア・プシッタチナ。蛍焼き状になった捕虫器のふくらみが特徴的。(b) サラセニア・プシッタチナの捕虫器の断面。入口は深く陥入する。(c) サラセニア・ミノールの捕虫器の背面。この白斑は誘虫灯ではなく、目立つ色彩として遠くから獲物を呼び寄せる。

●落とし穴–迷路式

《該当植物》サラセニア・プシッタチナ、ダーリングトニア、ネペンテス・アリストロキオイデスなど

この捕虫法を採用する植物としては、サラセニア属の一種やダーリングトニア属、ウツボカズラ属のいくつかが挙げられる。この罠は落とし穴式ではあるのだが、ほかの落とし穴式に比べると少々複雑で、捕虫器の入口が捕虫器内部に陥入しており、また捕虫器のドーム状になった部分の一部が明かりとりの窓としての役割を果たす(**図2－7、口絵⑧**)。この明かりとりの部分は、捕虫器の色素が抜けて白、もしくは半透明のようになっていたり、構造が薄くなっていたりする。この明かりとりの効果により、獲物は明るい捕虫器内部に飛び込んでゆく。捕虫器内部に飛び込むと、陥入した入口に阻まれ、外には出られない。内部には奥に向かう毛が生えているか、液体が溜まっている。最終的には、捕虫器の深くに潜って衰弱死するか、捕虫器内部の液体で溺死する。これが

落とし穴-迷路式（pitfall-lobsterpot trap）の名前の由来である。２・５節でも述べたが、迷路というよりは英語の表記どおりエビ籠の構造に近い。

また、明かりとりが誘虫灯の役割を果たすことから誘虫灯式（light trap）ともいわれる。誘虫灯の役割を果たすと考えられるものなら、上記のほかにフクロユキノシタも半透明な部分がある蓋を持つが、捕虫器の入口が陥入して複雑な構造をとることはない。サラセニア・ミノールの白斑も誘虫灯の役割があると考えられていたが、シェーファーとラクストン[40]によりそれは実験的に否定され、遠くから獲物を呼び寄せる役割があることが示された。

●落とし穴-鳥もち式

《該当植物》ネペンテス・ラフレシアナ、ネペンテス・イネルミスなど

この捕虫法は、ウツボカズラ属の上位捕虫葉の戦略として複数種確認できる。[14] 複雑な構造をとる落とし穴-迷路式とは対照的に、口が大きく開き、比較的浅く、そして外に飛び出すのを妨害するような障害物がない単純な形となっている（**図２-８**）。一見すると捕虫能力は低そうである。ところが、この罠の場合、内部にたまった液体が粘性を帯び、それが鳥もちの役割を果たすことで獲物の逃亡を阻止する。[75,76] このような罠は落とし穴-鳥もち式（pitfall-flypaper trap）と呼ばれる。

●鳥もち－落とし穴式

《該当植物》ドロソフィルム

この捕虫法は、ドロソフィルムが用いるとされる（図2－9）。ドロソフィルムは鳥もち式の罠を有する。モウセンゴケ属と異なりその罠は動くことがないが、ドロソフィルムの粘液は強力であり、かつ獲物が捕まると粘液は獲物に乗り移る。そして獲物がもがくうちに、獲物は

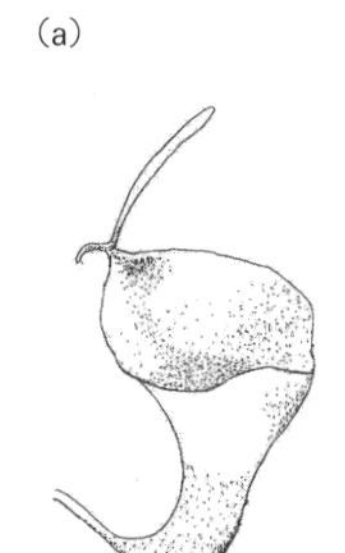

図2－8　落とし穴–鳥もち式。(a) ネペンテス・イネルミス。(b) ネペンテス・タラゲンシス。捕虫器の形態は口が大きく開いたものであるが、内部に溜まった液は、粘性を帯びる。(a) は文献76を参考に作成。

図2－9　鳥もち–落とし穴式。ドロソフィルム。捕らえられた獲物は粘液にからめとられながら転がり窒息する。

次々に粘液に触れてゆき、最終的には粘液に覆われて窒息死する。ライス[3]はこれに対し、ドロソフィルムの罠には落とし穴式の側面があるとして、鳥もち式（flypaper trap）と落とし穴式（pitfall trap）の複合罠であるとしている。

第3章

食虫植物はどこにいるか

尾瀬ヶ原の様子。高層湿原は食虫植物の代表的な生育地である。ほかの多くの植物には食虫性がないにも関わらず、食虫植物はなぜ獲物を捕らえているのだろうか。光合成と獲物の両方を求める欲張りものなのか、それとも、何か必要性に駆られているのだろうか。

食虫植物はどのような場所に生育するのだろうか。もしかしたら、「こんな特殊な植物がそこら辺に生えているはずがない」、「人知れぬどこか、たとえば熱帯雨林の奥地とかに生えているのだろう」と思っているかもしれない。日本人にしてみると「熱帯」という言葉のイメージは「明るくて暑い」というのがある半面、ジャングルのような「未開拓で暗く人知を超えている」という部分もあるのだろうか。もしかすれば、熱帯が日本人にとってなじみがないために、かつての探検家たちの熱帯に対するイメージをいまだに引きずっている可能性もある。

食虫植物は日本にも生育しているし、必ずしも熱帯原産ではない。本章ではそのような食虫植物の生育地と生態について触れていこう。食虫植物の特徴的な生態は、最終的に「なぜ食虫植物に草本が多いのか」、そして「なぜ食虫植物は環境の変化に対して脆弱(ぜいじゃく)なのか」の答えを与えてくれる。

3・1　一般理論：生育環境と生態の関係

食虫植物の一般的性質を述べる前に、その基礎となる植物全般を包括する理論について解説しておこう。どんな植物でも、その生育環境と生態（そして戦略）には密接な関係が存在する。それは相互に影響し合い、必ずしも生育環境と生態のどちらか片方だけが原因であり結果であるとは限らない。

たとえば、高山という環境では、強風と積雪があるゆえに背の低い高山植物が生育できる。それと同時に、高山植物は背が低く競争力が弱いがゆえに、強風と積雪のある高山に分布が制限される。食虫植物とその生育地にも同様の関係が見て取れる。本章で、これらのことを理解するために、植物全般に共通する部分を先に抜き出しておくほうがよいであろう。

光と肥料の必要性

植物といえば「光合成」。動物の「呼吸」と対比して、われわれはこのフレーズがよく身に染みついている。それほど植物と光は密接に関連している。しかし、植物にとっては光だけでなく、土壌中の無機栄養、園芸でいうところの肥料も重要だ。植物の光合成は二酸化炭素と水から糖を合成することなので、人間の食事でたとえるならば主食（米、小麦、トウモロコシなど）、すなわちグルコースもしくはデンプンを摂ることに似ている。もちろん、合成するか、ほかの生物から摂取するのかは大きな違いだが、ここでは獲得される物質に注目する。

一方で植物が無機栄養を吸収することは、最終的にアミノ酸や核酸を合成すること（ほかにも体の調節など）になるので、肉や魚からアミノ酸やリンあるいは野菜などからミネラルを摂取することと似ている。われわれ人間が米やパンだけを食べては生きられないように、植物も光合成だけでは生きてはいけない。人間が体の維持のために肉や魚を摂るのと同じく、植物も無機栄養を吸収して生きている。

光と無機栄養を得るために、植物は空中に葉と葉の足場となる茎を、地中に根を伸ばしてゆく。その植物がほかの植物と競争しているならば、競争相手よりも広い範囲で光と無機栄養を得られるように、相手よりも多くの葉や茎、根を伸ばさなければならない。同時に、葉や茎、根を伸ばすためには、十分な光と無機栄養が必要なのである。ゆえに、ほかの植物の陰に覆われてしまったり、無機栄養の奪い合いに強い植物がそばにいたりする場合は、光や無機栄養が不足し、ときとして競争的に排除される。これは植物の生活を理解するための基本だ。

競争的な排除を避ける

上記のような、競争的な排除を避けるためには、基本的に三つの道（戦略）がある。ひとつ目は、相手にはじめから負けることがないような競争的性質を持っているか、一時的に負けても備蓄された資源の限りを尽くして競争相手に勝つような戦略である。たとえば、素早く大きくなる能力を有していて、はじめから相手を覆い隠してしまう。一方で、相手に被陰されたら、有している資源の限りを尽くして競争相手を追い抜こうとする。この戦略では相手を負かすことができなければ、自分は常に不利な状況となり、ときに枯死してしまう厳しい戦いとなる。

ふたつ目は、競争はせず日陰に耐えるか、日当たりはよいが生理的に生育困難な環境に生育するかである。たとえば、砂漠のような乾燥した環境や湿原のような過湿な環境は明るいが、生育するためには生理的な困難がつきまとう。

三つ目は、競争相手が排除された日当たりのよい環境に一時的に侵入することである。倒木によって森林に生じた明るい小さな空間（パッチ）はその好例で、そこでは日向を好む陽樹が生育を開始する。

食虫植物の場合は、後者ふたつの「競争を避ける戦略」を選んでいるといえる（3・2、3・3節参照）。なぜ、後者ふたつの戦略は競争を避けることになるのだろう。それは、競争に強い植物（樹木や大型多年生草本など）は、植物体が大きいなどの競争に強い性質を持つ代わりに、苛烈な環境への耐性がなく、長命でしばしば繁殖が遅いからである（コラム4も参照）。

競争を避ける戦略：ストレス耐性戦略

植物の生育を生理的に阻害する環境要因をストレスという。たとえば、貧栄養や貧酸素、高日射、未発達な土壌、有害金属の存在、酸性土壌、塩基性土壌、過湿、乾燥といった要因がストレスだ。樹木や大型多年生草本の生育に、ストレスの存在は不利に働くと考えられる。樹木や多年生草本は繁殖可能段階になるまでに、その場に長年留まっていなければならない。繁殖の遅いこれらの植物は、その生涯においてストレスによる枯死のリスクが高く、その場に個体

図3－1　ストレス環境の一例。（a）高山と（b）海岸。大きな樹木が侵入できない高山や海岸では、それぞれ背丈の低い高山植物や海浜植物が優占する。高山では風雪、低温、またときとして土壌の性質などが、海岸では海水や潮風、高温、乾燥、固定されていない土壌などがストレスの要因となる。

群を維持することは困難であろう。それに対して、ストレスに耐性のある植物は枯死のリスクが低いので、優占することができるだろう（**図3－1**）。

ストレスが強い生育地では、生き残れることが個体群の維持に重要だ。したがって、ストレス環境に対する耐性形質を有するほうが、繁殖成功の観点から有利である。さらに、環境が改善されても、素早く反応しないことも有利になりえる。[77] 一時的に改善された環境に反応しても、すぐに悪化するならば、たとえば葉を展開するのに使った資源が無駄になる可能性が高いだろう。このような戦略の植物はストレス耐性植物と呼ばれる。

競争を避ける戦略：攪乱依存戦略

土砂崩れや洪水、強風、野火、食害、病気、人間活動などの、植物を物理的に破壊する外部からの力を、攪乱（かくらん）という。ストレス環境と同様に、予測できない攪

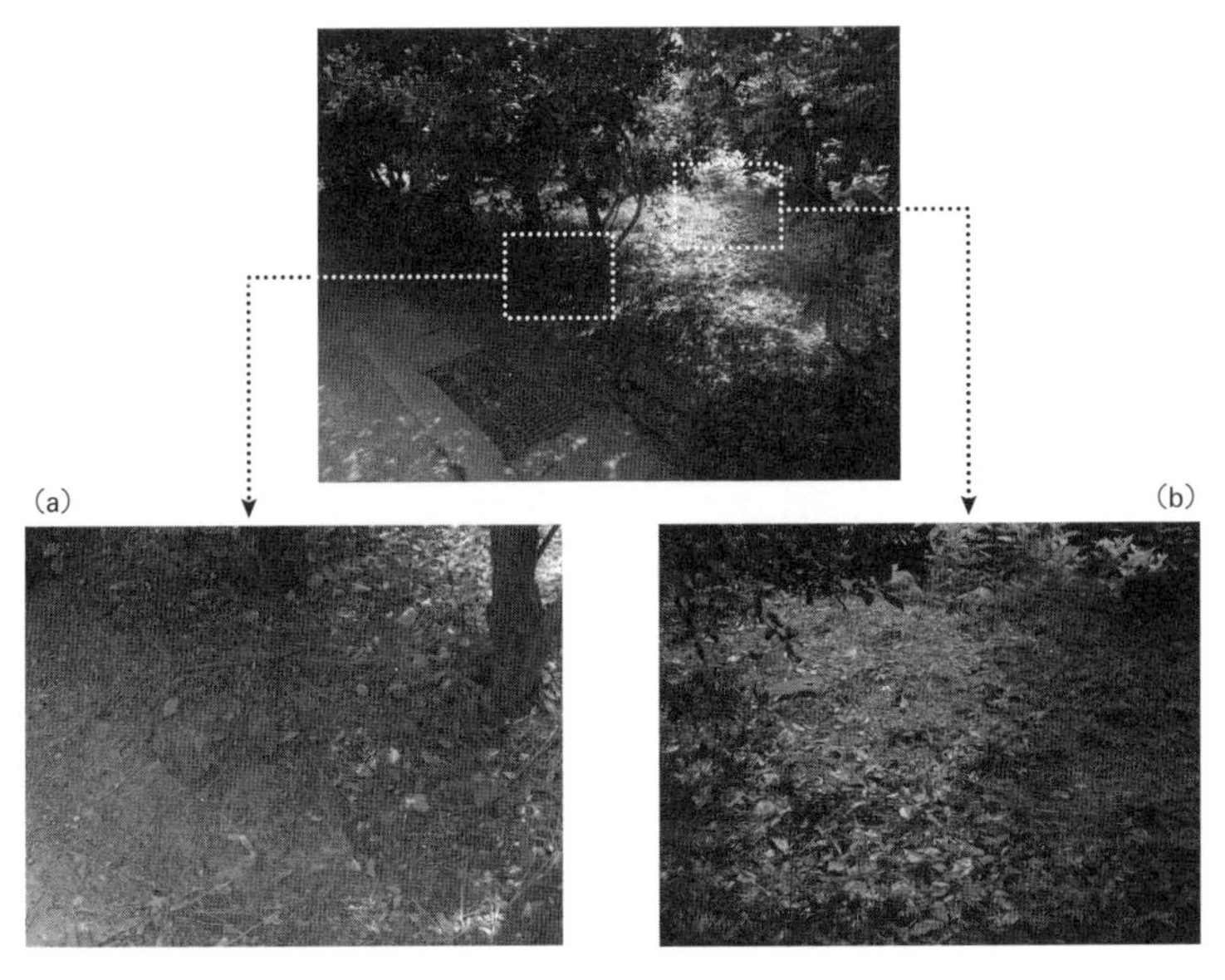

図3－2　隣接する（a）日陰（樹木の北側）と（b）日向（植栽の間）のパッチ。人間の管理は代表的な攪乱であり、人間が植えた樹木以外は樹木が侵入できない。日向には攪乱依存的な植物が優占している。一方、日陰には植物が少ない。

乱が生じる環境も、樹木や大型多年生草本に不利に働くだろう。不定期な攪乱は長命な植物を繁殖までの間に高い死亡リスクにさらしてしまう。一方で、攪乱と次の攪乱の間に素早く成長し、繁殖を完了する植物は、攪乱環境下で優占できる（**図3－2**）。

不定期な攪乱が生じる生育地において、個体群を維持するには、個体数を素早く回復できる能力が重要だ。したがって、攪乱環境下の植物は、攪乱直後に素早く発芽、成長して繁殖し、多数の休眠性の種子を残し、埋土種子集団を形成する。そして、土中ではしばらく休眠して、再度起こる攪乱により明るいパッチになるのを待つ。これらの能力を有することで、攪乱によって壊滅的に個体数が減ったとしても、個体数を素早く回復できる。このような戦略の植物は攪乱依存植物と呼ばれる。

競争を避ける戦略がもたらす帰結

これらのことから、ストレス環境や攪乱環境下では、あえて大きくならない戦略のほうが有利だと考えられる（ただし、かたちをつくるコストとそのかたちが果たす機能とを定量的に評価した研究は少ない）[78]。植物が有している資源が有限であると仮定すると、競争〔伸長成長や大型化（バイオマスの増加）〕をせずとも日光を得られるならば、得られる資源をバイオマスのぶんだけ別の部分（たとえば、ストレス耐性や種子生産）に投資するほうが有利であると考えられる。また、攪乱により一時的に生じたパッチに侵入する種は、大型化せずに、素早く成長して繁殖開始の早期化、種子生産の増加に投資を回すほうが有利であろう。

これらは同時に、小さいままでいざるを得ないということでもある。ストレス耐性や種子生産にコストをかけるから、繁殖を早くしてしまうから、競争を避ける種は小型種が多い。大型化とストレス耐性と素早い成長・大きい種子生産は互いにトレードオフの関係にある。後述するように、食虫植物はその生育環境のためにストレス耐性戦略もしくは攪乱依存戦略をとることが有利であったと推定される。

3・2　食虫植物の一般的な生育環境

普通は、ちょっと散歩に出かけたとしても食虫植物はそこらの道端には生えていない。食虫植物は決して珍しくはないのだが、生育している場所が決まっている。このことの理解を深めるため、まずは食虫植物の生育地を日照、湿度、土壌養分の状態に基づき類型化してみよう。つづいて、その三つの観点における例外を紹介する。そして、本節の大半を割いて、「なぜ食虫植物は特定の生育地に生育するのか」を考察する。最後には、食虫植物の生育する環境が壊れやすいことを紹介する。

生育地の概説

・一般的な生育地：日向・高湿度・貧栄養

食虫植物の多くは湿原・湿地、停滞水や流れが穏やかな水域、水のしみ出る岩場などのほか、礫（れき）地や砂地にも生育している。[2] 食虫植物の生育する停滞水や流れの穏やかな水域は、しばしばフミン酸やタンニンを含有し、ブラックウォーターと呼ばれるように焦げ茶色を呈する（**口絵⑭**）。また、比較的CO_2の含量が多い。[65,79] 礫地や砂地は、一見乾燥していそうな土地だが、地下水、頻繁な降雨やしばしば発生する霧のため、事実上湿地となるか高湿度が維持されている。

これらの生育地には明るく、湿潤で貧栄養であることが共通している。湿潤どころか、ときとして冠水して沈んでしまうことさえある。加えて、多くの生育環境において土壌が酸性に傾いていることも特徴である（しかし、水生食虫植物の生育地の場合、必ずしも酸性とは限らない）[80]。この一般的な生育地の特性はギヴニッシュら[6]やベンジン[81]がモデルで示した予測と一致した環境である。次に三パターンの例外的な生育地を紹介しよう。

●例外的な生育地1：日陰・高湿度・貧栄養

光環境に関する例外は、モウセンゴケ属やウツボカズラ属が挙げられる。これらの種は日光を好む植物が多いが、一部の種は林床に生育するために被陰されている。たとえば、ほかのモウセンゴケ属が小さな葉をつけるのに対して、ドロセラ・シザンドラやドロセラ・プロリフェラは大きく広い葉を有し、林床に生育している[10]。ネペンテス・アンプラリアは、ほかの植物の陰に覆われ、落葉・落枝（リター）が降り注ぐ環境であるが、むしろこの環境で旺盛に生育する[82,83]。なぜかといえば、落葉・落枝を集めて分解することで、小動物の代わりの栄養源としているからである（くわしくは第4章）。

また、着生植物もここの例外に含まれる。これらの種は、樹上に着生するという性質上、しばしば被陰された環境である。ムシトリスミレ属の一部やタヌキモ属の一部（一五種程度）、ウツボカズラ属の一部とカトプシスがその例である[2,10]。それらのうち、ウトリクラリア・フンボルティーやウトリクラリア・ネルンビフォリアはアナナス科植物がつくる水溜まりに生育している。[2] このアナナス科には、同じく食虫植物であるブロッキニアも含み、食虫植物上に食虫植物が生育するという興味深い様相を呈している。着生することは乾燥とも関連づけられるが、これらの植物は降雨が多い生育地か雲霧帯に生育する。したがって、それらの植物の生育地は必ずしも、乾燥環境ではない。

・例外的な生育地2：日向・半乾燥・貧栄養

水分環境に関する例外は、ドロソフィルムや一部のモウセンゴケ属、一部のムシトリスミレ属、一部のビブリス属、ロリドゥラ属の生育地が好例である。これらの種は、比較的乾燥した土地や乾季のある土地に生育する。とくに、乾季のある生育地に生育する食虫植物は、乾季を特殊な形態で乗り越える。たとえば、モウセンゴケ属の一部の種は塊茎や塊根となって過ごし、ムシトリスミレ属は小さく縮こまった形態となる。この期間には捕虫を行わない。ただし、生育期間は雨季であるので、その点に関しては一般的な生育地の性質も兼ね備えている。

一方で、ドロソフィルムのような、ほとんど常に半乾燥環境に生育する食虫植物における食虫性の研究は、湿潤環境におけるものと比較して進んでいない。しかしながら、捕虫による利益は、これまで予測されてきた湿潤環境[6, 81]に限らず、半乾燥環境においても生じることが明らかになってきている。[84, 85]

・例外的な生育地3：日向・高湿度・富栄養

栄養環境に関する例外はごく少ない。光環境や水分環境の例外はあれども、栄養環境に関しては、食虫植物のほぼすべてが貧栄養な環境に生育する。しかし、フサタヌキモのような富栄養化した湖沼に生育する事例もある。[86]

生育地と戦略

・ストレス環境が利益をもたらす事例

食虫植物の生育する環境は、どのような環境であれ、ストレスの多い環境だ。たとえば、高層湿原や水中、ケランガスと呼ばれる砂地、湿った岩場などにおけるストレスには、食虫植物は耐性を有する。高層湿原では、貧栄養、貧酸素および酸性土壌というストレスが存在する（くわしくは後述）。水中は、通常の陸上と比較すれば、きわめて貧酸素な環境である。ケランガスは、強烈な日差しが降り注ぐ、ほとんど養分のない土地である。岩壁では、土壌が未発達なため、深くに根を下ろすことができず、大型の植物は侵入できない。

石灰岩や蛇紋岩質の土地や海岸近くの土地、林床、樹上や半乾燥な環境は、食虫植物のなかでも一部のみが生育する。それは、通常の食虫植物が、ほかの植物と同様にストレスを受ける環境だからである。ピングィクラ・ヴァリスネリーフォリアなど[2, 87]の生育する石灰岩や蛇紋岩は、植物の生育に影響を及ぼす有害な金属（Mg、Caなど）を含む。石灰岩土壌は塩基性土壌であり、通常は酸性土壌に生育する食虫植物には耐性がない。ほかにも、有害な金属を含む土壌には、ネペンテス・ラヤなどが生育する[2]（**口絵⑭**も参照）。ネペンテス・アルボマーギナタなどのウツボカズラ属が生育する海岸近くでは、潮を被り、塩ストレスを受ける[2,10]。林床や樹上では被陰されて日照不足になり、半乾燥的な環境では乾燥がストレスとなる。

食虫植物が一般的に生育する環境から例外的な環境まで、さまざまに取りあげたが、いずれも貧栄養なストレス環境という点で同じである。

ストレス環境で生存できることが、食虫植物にとって利益になっていることを示した事例を紹介する。サラセニア・アラタは湿生の食虫植物であり、短い根茎が地中を這い、根茎に養分を蓄積する。野火などの攪乱を模した隣接植物の除去実験を行うと、植物体重に対する捕虫器の割合が増加した[88]。加えて、攪乱後に袋部分の大きい捕虫器が形成されたので、攪乱後のほうが捕虫器の重さに対して獲物を多く捕らえられるようになった[89]（後述する、攪乱が介する「獲物捕獲仮説」）。この反応は次のような意義があると考えられる。隣接している植物が除去されると、光環境が改善される。それに反応して、サラセニア・アラタは光合成効率は悪いが獲物の捕獲効率が良い捕虫器を展開し（**図5－3**も参照）、光合成産物と窒素、リンなどの無機栄養の蓄積を行う[88]（一般に食虫植物の光合成効率は悪い[90,91]、4・3節参照）。その後、隣接する植物が大きくなることで光環境が悪化したら、袋部分の小さい光合成効率の高い捕虫器を生産して、被陰条件下で耐える[88,89,92]（後述する、攪乱が介する「貯蔵仮説」）。さらに、ブルーワー[93]がシミュレーションによって検証したところ、野火が年一回起こることで、個体数の増加速度が大きくなると推定された。このように、この植物の個体群の維持には、攪乱による成長速度の増加と、ストレス環境下（とくに、被陰）での植物体の生存の両方が影響を及ぼしていると考えられる。[88,93]

・ストレスの詳細：高層湿原を例に

上記のストレスについて、もう少し詳細に考察しよう。とくに多くの食虫植物が生育する高層湿原（高位泥炭地）について考察することは、食虫植物の生育環境への理解を助けてくれる。なぜなら、高層湿原は前述したような、貧栄養や強日射、過湿（酸性土壌、貧酸素）という食虫植物の生育地の一般的な性質を示すからだ。

　まずは簡単に湿地を分類しておこう。多くの食虫植物が生育しているのは泥炭湿地（泥炭地）と呼ばれる型の湿地である。これはさらに高層湿原と低層湿原に区分される。高層湿原もしくは高位泥炭地とは、過湿や冷涼な気候のために植物遺骸が分解されず分厚い泥炭層となり、水と栄養塩は降雨（雨や雪、霧など）のみで維持されている湿原を指す。[94,95] 他方、低層湿原もしくは低位泥炭地とは、泥炭層が薄く、栄養塩は地下水や河川氾濫（はんらん）の影響を受ける湿原である。[94,95] さらに河川からの水や栄養塩の流入の影響を受ける場合、泥炭の蓄積の少ない別の型の湿地、沼沢湿地や沼沢地となる。沼沢湿地は泥炭の蓄積があり低層湿原と区別しないこともあるが、樹木が優占するという特徴がある。沼沢地のおもな土壌構成要素は鉱物であり、草本が優占する。[95]

湿地環境では土壌の基質間を水が満たすため、通常の土壌に比べて酸素濃度が非常に低くなっている。[94, 96] この嫌気環境においては、微生物による植物遺骸の分解が妨げられるため、遺骸は泥炭となって湿原に堆積する。したがって、好気的環境下で遺骸の分解によって生じるはずの無機栄養は、湿原では土壌中に放出されない。さらに高層湿原では、厚く積もった泥炭により、地下からの栄養塩の影響を受けにくく、わずかに生じた無機栄養も降雨によって流亡するため、貧栄養な環境となる。[94] ひと口に湿原といっても、前述のように、地下水や河川氾濫の影響を受ける低層湿原や沼沢湿地、沼沢地では、必ずしも貧栄養とは限らない。

高層湿原は土壌が酸性に傾いている。その理由は、有機物分解の際に生じる有機酸、根や土壌微生物の呼吸により生じる炭酸、高層湿原を特徴づける植物であるミズゴケからの有機酸（ミズゴケ酸）、およびミズゴケの細胞壁での陽イオン交換機能による水素イオンの放出に起因すると考えられている。[94]

高層湿原では前述のような性質を示すために、大型植物の生育には不向きな環境である。ゆえに、高層湿原は開けた草原となり、明るい環境となる。明るいことは多くの植物にとって最適な環境に思えるが、必ずしもそうではない。何も遮るものがなく、〝明るすぎる〟こと（強日射）もしばしばストレスとなる。

ゆえに、高層湿原には嫌気や貧栄養、酸性、強日射という環境が成立する。これらのストレスの存在は適応的でない植物の生育を著しく阻害する。さらにくわしく見ていこう。

嫌気条件

嫌気条件は、植物にとって致命的な影響をもたらす。養分の吸収には通常酸素が必要であり[94、96]、根が酸欠して機能停止に追い込まれると、さまざまな弊害が生じる。無機栄養の吸収阻害によって資源が制限されるために、より古い葉から若い葉への無機栄養の再転流が起こり、成熟を待たずに老化する。さらには、水が周りにあるにもかかわらず、水の吸収阻害まで生じて茎葉の萎れを起こさせる[97]。

また、嫌気条件は土壌に還元体物質の蓄積をもたらす。還元体物質の存在もまた、植物の生育に負の影響を与える[96]。嫌気的な土壌の代表的な有害物質としては硫化水素がある（水底の泥を掘り返すと生じる腐敗した臭気の原因）。さらに、嫌気的条件ゆえ、酸化還元電位が低下すると、鉄やマンガンが可溶化し、同様に有害である。一方で、ほかの必須元素は利用不可能になり、これも植物の生育に負の影響をもたらす[98]。

貧栄養

土壌が貧栄養であるとは、土壌中の無機栄養、おもに窒素やリン酸の可溶性化合物が不足しているということだ。植物はこれらの無機塩類を吸収して窒素化合物をおもにアミノ酸やタンパク質に、リン酸化合物は生物の情報を担うDNA、エネルギー媒体となるATP、ほかに核タンパク質、リン脂質に変換する。[99] アミノ酸や核酸は生命活動をつづけていくのに必須の物質であり、不足すると体を大きくできなかったり、ひいては体を維持できず死滅したりする。

酸性土壌

酸性土壌では、アルミニウムイオンが過剰に可溶化し、これは植物の根に強い障害を与える。また、リン酸の土壌やアルミニウムイオンへの結合、生育に必須である塩基や微量元素の不足、土壌微生物活性の低下をもたらす。[99]

強日射

常に強い日射があることは、必ずしも植物にとってよいわけではない。光を弱光から徐々に強くしていったとき、植物の光合成速度は途中で頭うちになる。これは光が十分でも、ほかの要因(二酸化炭素濃度や温度など)が次なる制限要因となるためである。このとき、さらに光が強くなると、光が当たっているにもかかわらず光合成速度が低下する。これを光阻害という。光合成は、炭水化物を合成する際に光エネルギーを利用する。しかし、ほかの要因で光合成が制限されるようになると、過剰なエネルギーが蓄積し、それによって活性酸素が発生して光合成を担う器官が損傷し、光合成速度が低下するのだ。[100]

強い光が当たると葉に熱を蓄積させるので、熱ストレスも同時に引き起こす[97]。高温は酵素の失活、細胞膜の不安定化をもたらし、光合成を阻害する要因である。加えて前述の貧酸素によって根の機能阻害が生じると、水分損失を防ぐために気孔の閉塞を起こす[97]。気孔の閉塞は二酸化炭素の葉への流入と水の蒸散による熱の放散を阻害するため、貧酸素な環境と組み合わさることで、強日射による光阻害と熱ストレスの影響はより深刻になるだろう。

攪乱が利益をもたらす事例

食虫植物の生育地は、しばしば攪乱と関係がある。たとえば、愛知県の丘陵帯では地滑りによる湧水湿地が生じることがあり、そういった場所にはいち早くコモウセンゴケが侵入する[101]（湧水湿地については6・2節参照）。これは湿地が生じるとともに、ほかの競争者を排除することでコモウセンゴケにとって利益になっていると考えられる。

食虫植物に攪乱が正の効果をもたらす可能性として、次の三つがある[89]。ひとつ目は、定着仮説。攪乱が競争力の強い植物を排除して空きパッチができることで、食虫植物の定着が促進される。ふたつ目は、獲物捕獲仮説。攪乱によって光環境が改善するとともに、獲物の利用性が上昇する。三つ目は、貯蔵仮説。攪乱により生じた資源を効率的に利用したのち、資源の利用性が低下したときは貯蔵によって耐える。これらのうち、獲物捕獲仮説と貯蔵仮説はすでに紹介したので、ここでは定着仮説を紹介しよう。

ブルーワー[102,103]は、競争者の植物体ごと排除する攪乱のあとには、アメリカコモウセンゴケの実生やウトリクラリア・ユンセアの植物体の密度が増加することを示した。アメリカコモウセンゴケは野火によりほかの植物が燃えてしまうことで、ウトリクラリア・ユンセアはザリガニがほかの植物を埋めてしまうことで、個体群への新規参入が増加すると考えられた[102,103]。

火災は食虫植物の生育地と密接に関連した攪乱だ。ハエトリグサでは、火災が抑制されることで個体群が縮小している[104]。火災が発生する生育地には、ほかにはドロソフィルム属[105]やサラセニア属、ダーリングトニア属[10]、ロリドゥラ属[106]、ビブリス属[107]などがおり、これらの種も火災の発生がもたらす競争者の排除により、利益を得ていると考えられる。

火災のほかに、人間活動がもたらす攪乱もときに正の影響を与える。日本の東北地方南部の事例では、ミミカキグサとホザキノミミカキグサの生育地がパッチ状に分かれており、メタ個体群的につながっている[108]。それらのミミカキグサ類は、土木工事跡地に生じた明るいパッチに侵入する[108]。ネペンテス・グラシリスやネペンテス・ミラビリスは、人間が森を切り開いたり、道路をつくったりするなどの攪乱を起こして生じた明るい土地に生育する[2]。私の個人的観察であるが、沖縄県においても道路をつくる攪乱により明るいパッチが生じ、コモウセンゴケが定着している様子が確認できる（**図3-3**）。

(a)

(b)

図3－3　攪乱地に侵入する食虫植物の例。(a) 沖縄県国頭の道路法面、(b) そこに生育するコモウセンゴケ。

環境変化に対する脆弱性と遷移

食虫植物の多くが「明るく」「湿った」「貧栄養な」土地に生育している。この貧栄養な湿地は安定的な環境なので、攪乱が起こらない限り、食虫植物はその土地で健やかに生育しつづけることができる。しかし、この環境がきわめて脆弱であり簡単に崩壊しうることを心に留めておいたほうがよい。

湿地環境は、優れた媒質である水が存在するために、化学的な攪乱を受けやすい[94]。ミズゴケ群集の優占する貧栄養な湿地は、ヨシ群集の優占する富栄養な湿地から遷移してきたものである[94]。他方、貧栄養な湿地の富栄養化は、逆の遷移、すなわち貧栄養な湿地から富栄養な湿地への遷移をもたらす。湿地の富栄養化は、背が高く競争能力の高い植物の侵入を引き起こすきっかけとなる。侵入した植物は、蒸散により直接的に水分消費することで、湿地の乾燥化を引き起こす。つづいて、乾燥化が進むと嫌気的条件が解消されるため、堆積した生物遺骸の分解がはじまり富栄養化が促進される。そして、富栄養化と乾燥化がさらに競争力の高い植物の侵入をもたらすという、湿地環境の崩壊の循環が起こる。

また湿地の富栄養化は、競争力の高い植物の侵入を促進するとともに、食虫植物の個体群成長までも抑制しうる。ゴテリとエリソン[109]は、サラセニア・プルプレアに窒素、リンといった無機養分を量と比率を変えて与えたときの個体数の増殖速度を推定した。すると、多量の窒素や高い窒素／リン比のときは、少量の窒素、低い窒素／リン比のときに比べて、増殖速度が低下すること、すなわち個体群成長が遅くなることが明らかになった。[109] さらに、ゴテリとエリソンはシミュレーションを用いて、今後湿地に沈降する窒素が減少しない限りはサラセニア・プルプレアの個体群が絶滅することを予測した。ジェニングスとロア[110]がデータベースを用いて食虫植物の絶滅に影響を与える要因を調査したところによると、湿地の富栄養化や乾燥化が、実際に食虫植物の絶滅の原因となっている（第6章を参照）。

3・3　食虫植物の一般的な生態

食虫植物は生育困難な環境を、どのように克服しているのだろう。湿潤で貧栄養な土地での生育を可能にしてくれるひとつの要因は、「食虫性」という食虫植物がそう呼ばれるゆえんたる能力だ。まずは、食虫性がもたらす利益とコストについて説明しよう。そして、本章の大きな目的として、食虫植物の一般的傾向について紹介する。

獲物を捕らえること：食虫性の利益とコスト

食虫植物は生育に必要な光と無機栄養のうち、光は利用できるが土壌中の無機栄養はほとんど利用できないことが多い。それは生育地が貧栄養であるとともに、食虫植物の多くは根があまり発達しておらず（後述）、土壌中の養分を獲得できる範囲も限られているためである。湿潤（嫌気環境）や貧栄養であることが、そこに生育する植物に強い負の影響を与えうることは、すでに述べたとおりだ。土壌中の養分を獲得できないという状況を、食虫植物はこの分類群の最大の特徴である「獲物を捕らえること」で克服している。

・食虫性の利益

食虫植物の周りに存在する小動物は、アミノ酸（窒素）、リン酸（リン）および有機炭素に富んだ有機体である。したがって、土壌に含まれる無機栄養の代わりに、小動物を利用することで利益が生じると考えられる。陸生食虫植物において、生育期に獲得された窒素やリンのうち、種によってはすべてを捕虫に依存している[80,98]。一方で、水生食虫植物は植物体の枯死による炭素喪失が大きいためか[65,111]、炭素を獲物から得ることで利益を得ているようだ[65,98]。

以上のように、食虫植物は獲物から窒素、リンあるいは炭素を得ることで、次のような利益を得ることができる。

- ピングィクラ・ヴァリスネリーフォリアでは、獲物を多く捕らえることで、生存機会、成長、栄養繁殖、有性繁殖が増大する。[87]
- アフリカナガバモウセンゴケは獲物が与えられることでバイオマスと葉数が増加する。[112]
- モウセンゴケやナガエモウセンゴケでも、バイオマス、葉数、花数および種子量が増加する。[113]
- 水生の食虫植物（ムジナモやイヌタヌキモ）はシュート長や葉数が増加し、生長速度も増加する傾向がある。[114]
- ネペンテス・タラゲンシス[115]、アフリカナガバモウセンゴケ[112]、サラセニア・プルプレア[116]をはじめとするサラセニア属[117]では、成長や生存率、繁殖量のほか、獲物を捕らえることで光合成効率が増加する。

獲物を多く捕らえることが、罠を多く産生したり、罠の効率を高めたりすることにもつながる。たとえば、前述のピングィクラ・ヴァリスネリーフォリアは、獲物をたくさん捕らえると粘液の産生量が増加し、獲物の量と粘液の産生（罠の効率）に正のフィードバックがあった。[87]ネペンテス・ラフレシアナでも、獲物の捕獲量に制限がかかると罠の数や大きさが減少することから、逆にいえば獲物を得ることで罠の産生に関する利益を得ているといえる。[118]この罠の産生は獲物の捕獲効率の上昇以外の利益をもたらす可能性もある。たとえば、ピングィクラ・モラネンシスでは、腺毛は獲物の捕獲だけではなく、食害からの防御としても機能する。[30] ほかにも、獲物捕獲で獲得されたアミノ酸は、タンパク質の合成だけに限らず、ほかの代謝系でも利用され、利益をもたらすようだ。たとえば、ネペンテス・インシグニスは、獲物から獲得したアミノ酸をプルンバギンの産生に利用している。[119] この物質は、植食者に対して食害抑制剤として働く。[120] この物質はモウセンゴケ科やウツボカズラ科に比較的近縁なイソマツ科のルリマツリ属から単離されたことから名前がつけられ、モウセンゴケ科やウツボカズラ科で普遍的に含有されている。[121] また、ハエトリグサでは獲物から得たアミノ酸を呼吸の基質としても利用する。[113]

・食虫性のコスト

ところが、食虫性はよいことばかりではない。食虫性を獲得するためには、当然ながら捕虫器をつくらねばならないが、捕虫器は普通の植物の葉にはないさまざまな欠点がある。まずひとつ目が、捕虫器を形成するぶんだけの投資が必要なことである。ウツボカズラ属の葉は見た目その四割ほどが捕虫器であるし、[123] ウトリクラリア・ヴルガリスのバイオマスの五〇%ほどは捕虫器である。[124] 体構造をつくるのはタダではない。そのぶんの炭水化物や無機栄養が必要である。ただし、捕虫器の構造コスト［グルコース（g）／乾物重（g）］は、通常の植物の葉や食虫植物の光合成を担う葉柄や偽葉と比較して低くなっている[123,125]。

ふたつ目は、捕虫器の光合成効率が悪いことである。たとえば、ウツボカズラ属やサラセニア属はかなりのバイオマスを捕虫器に割いているにもかかわらず、それは太陽光線に垂直に向いてはいない。通常の植物は、光合成効率を高めるように葉を太陽光線に垂直に向けるのが一般的だ。また、捕虫効率を高めるように、捕虫器の一部の色素が抜けたり（サラセニア属やダーリングトニア属）、光の一部を反射したりするため（鳥もち式の捕虫器を持つ食虫植物全般）、そのぶんの光も利用できない。地上生のタヌキモ属やゲンリセア属は捕虫器となった葉が地下に存在し、完全に葉緑素を欠いており光合成に貢献しない。また、地上生の食虫植物は、光合成速度が低いことも知られている[90,91,126]。この光合成効率の悪さは、たとえばウツボカズラ属では捕虫器と偽葉（捕虫器につながる平たくなった部分）を比較したときに、葉緑素が少ないこと、含有する窒素（すなわち光合成に必要な酵素）が少ないこと、および気孔の数が少ないことなどが影響している[126]。また、タヌキモ属の何種かでは、捕虫器の呼吸速度が大きく、相対的に光合成速度が小さいことも知られる[64,65]。前述のように、構造面のコストも低いが、光合成効率も低いため、利用した炭素を光合成によって回収するのにかかる時間（炭素の取り戻し時間）を計算すると、一般の植物よりもこの時間が長い。この点に関して、とくに落とし穴式の捕虫器を持つ種では、捕虫器を長く残存させることで、低い光合成能力を補っていると推測される[125]。これ自体は、光合成効率の悪い葉ほど長く残存するであろうという、数理的予測からも導かれる傾向である。[127]

三つ目は、食虫性の機能を果たすためおよび捕虫効率を高めるために、さらなる投資が必要になることである。たとえば、鳥もち式の捕虫器は獲物を捕らえるために粘液を分泌する必要がある。モウセンゴケ属では、光合成産物の四〜六％が粘液の産生に利用される。[128] ピングィクラ・ヴァリスネリーフォリアは、典型的な生育地では二二〜三〇µL／㎟程度の粘液を産生する。[129] ウツボカズラ属の捕虫器内部のワックスにも炭素は必要である。この構造にコストがかかっていることは、下位捕虫葉ではワックスが発達しているにもかかわらず上位捕虫葉では発達しないことや、リターを利用するようになったウツボカズラ属ではワックス層が消失していることから推察される（5・3節参照）。ハエトリグサは獲物を捕らえるときに多くのATPを消費し、[61] 消化の過程で呼吸量の一時的な増加と光合成の阻害が起こる。[62] 獲物の誘引に効果を果たす蜜、目立つ色素、匂いの産生にも同様に炭素化合物の投資が必要である。また、消化の要となる分解酵素には窒素が必要である。

四つ目が、投資した構造が失われるリスクがあることである。とくに、捕虫器が風雨にさらされる鳥もち式では、雨によって粘液や消化酵素が流されてしまう危険性がある。ほかにも他の生物によって捕虫器が破壊される事例がある（4・4節参照）。

食虫性は、前述のような利益とコストがある。したがって、食虫植物はコストを利益が上回るような生育環境でのみ進化するであろう。それが、3・2節で紹介したような環境だ。そして、このようなコストと利益が、食虫植物の弱い競争力と貧栄養、貧酸素、酸性土壌に対する強い耐性の原因ともいえる。食虫性への投資が、そのぶんだけ伸長生長や大型化を阻害するだろうが、ストレス環境での生育を可能にさせる。

食虫植物の一般的傾向

以下に、食虫植物の一般的な性質を列挙しておこう。ただし、必ずしもすべての食虫植物に当てはまるわけではない。食虫植物にまとめられるグループは、複数の系統を含むため（第5章参照）、例外がいくつもある。しかしながら、複数の系統が含まれるにもかかわらず、以下のような大きな傾向として捉えられることは興味深い。

・比較的小型で、地上生種は成長が遅い

食虫植物は、背が高くなるという意味の大型化をするものは少ない（**表3−1**）。それは、ストレス環境が適応的ではない背の高い植物の侵入を防ぎ、それゆえ食虫植物が光をめぐって背を伸ばす競争をしないためであると考えられる。一方で、しばしば匍匐茎や根茎で大きな群落をつくる。[10] 例外的に、トリフィオフィルム属、ドロソフィルム属、ウツボカズラ属、ロリドゥラ属およびビブリス属については、茎が木質化し、つる性木本もしくは亜灌木の性質を示す

表 3-1　食虫植物の習性。とくに草本植物が多いことに注目。

	木本性つる植物	亜灌木	草本
一年生	—	—	モウセンゴケ属、ビブリス属、ゲンリセア属、ムシトリスミレ属、タヌキモ属、フィルコクシア属
多年生	トリフィオフィルム属、ウツボカズラ属	ドロソフィルム属、ウツボカズラ属、ロリドゥラ属、ビブリス属	ムジナモ属、ハエトリグサ属、モウセンゴケ属、ダーリングトニア属、ヘリアンフォラ属、サラセニア属、ゲンリセア属、ムシトリスミレ属、タヌキモ属、フィルコクシア属、ブロッキニア属、カトプシス属

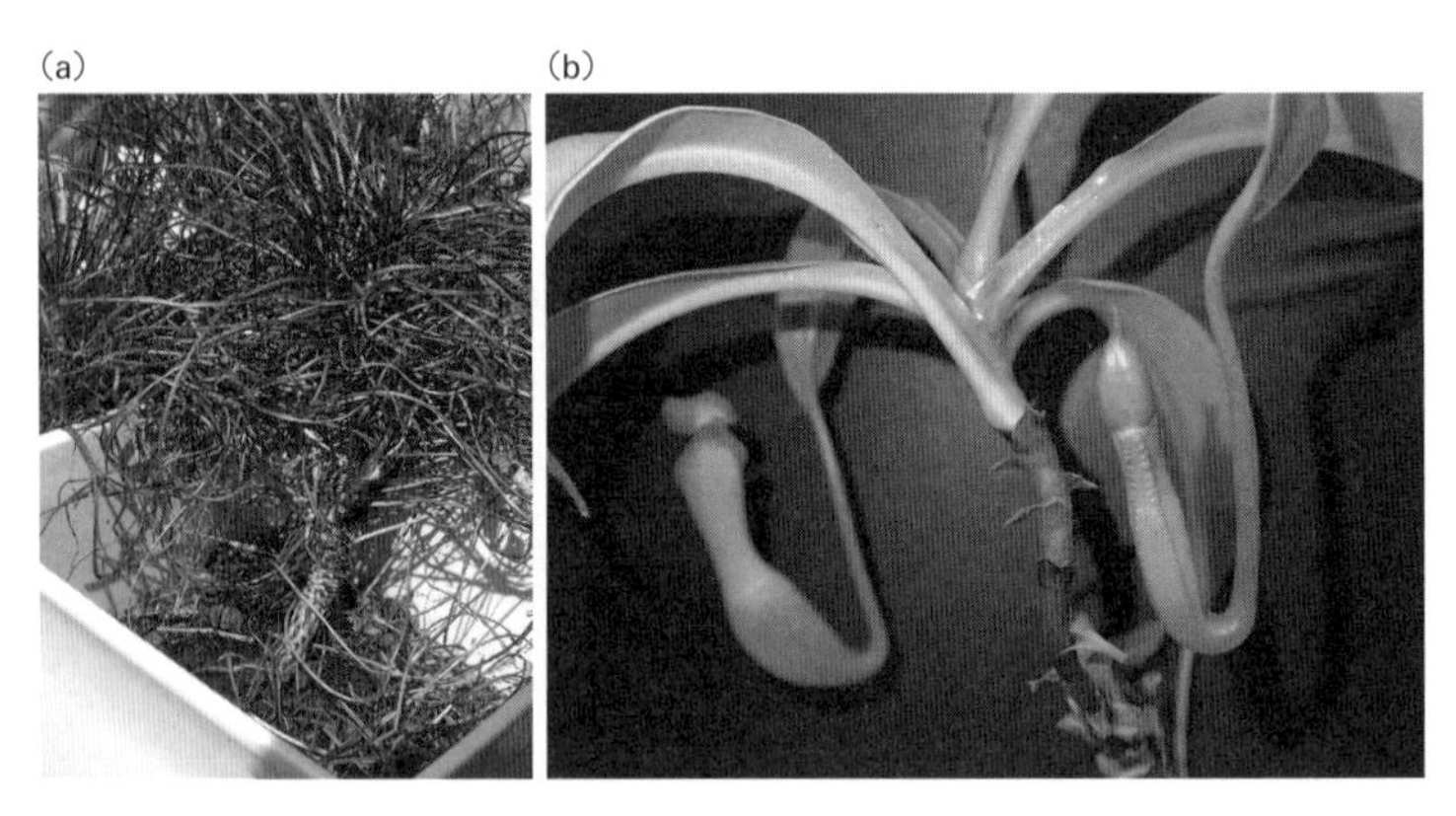

図 3－4　例外的に木質化する食虫植物の例。(a) ドロソフィルム、(b) ネペンテス・アラタ。

（図3－4、口絵⑨）。

食虫植物は光をめぐる競争に弱いが、前述のようなストレスの多い環境下におけるストレス耐性（食虫性）にコストをかけている。安定的な環境に生育する種は寿命が長い。一部の種では攪乱に依存した戦略を示すものもおり、攪乱により生じた明るいパッチに侵入する。野火は食虫植物の生育地における代表的な攪乱であり、したがって多くの食虫植物は低温の炎に耐性がある。[10]攪乱への依存度が高い種の場合、しばしば寿命が短い。

また、地上種では成長が遅いのも特徴である。[28]これは、ストレス環境下で限られた資源を節約するのに有効な性質である。その一方、水生種（ムジナモ属やタヌキモ属）はしばしば成長が速い。バイオマスの倍加日数は、地上生種（モウセンゴケ属、ゲンリセア属、サラセニア属）は二一〜一〇四日（平均約三五〜四〇日）なのに対して、水生種は八・四〜三三・二日である。[80]また、水生種は茎頂の伸びる速度が大きいが、同時に茎頂の反対側の基部が老化し、ほぼ長さが変わらない。これは、古い植物体上に発生する藻類との競争と関係していると考えられる。[80,130]

・光合成効率が悪く、日当たりのよい生育地を好む

いくつかの例外は存在するが、多くの食虫植物は日光をめぐる競争者の存在しない日当たりのよい土地に生育している。一般に、地上生の食虫植物の光合成効率は悪い。[90,91,126]たとえば、モウセンゴケ属やムシトリスミレ属、サラセニア属、ダーリングトニア属の光合成速度は、ほかの

地上生の植物の二分の一〜五分の一程度の値である[21,80,91,118,131]。この低い値は、食虫性にコストを支払っているからかもしれない。もしくは食虫植物という分類群は光合成速度が低い系統から進化した結果、光合成速度が低いのかもしれない（これを系統的制約という）[91]。しかしながら、構造面のコストでは必ずしもコストが高いわけではない[123,125]。

一方で、水生食虫植物、たとえばムジナモ属とタヌキモ属では、ほかの非食虫植物と同等くらいの光合成速度を有している[64,79,80]。しかし、同時に水生食虫植物は、基部での老化による炭水化物の損失が大きい[80,111]。

光合成効率の悪さや炭水化物の大きな損失は、強い日光が当たる場所でしか生育できない要因となっているであろう。ゆえに、日陰に対する耐性はないと考えられる。たとえば、ザモラら[129]が示したように、ピングィクラ・ヴァリスネリーフォリアは強く被陰された環境では、生存率もバイオマスも高くはない。

●根の発達が悪く、湿った生育地を好む

多くの食虫植物は湿った生育地に生育している。極端な種では根や植物体が水没しようと生育できる[10]。なかには、生育場所を水中に移している種も存在している。食虫植物の根は一般の植物と比べると発達が悪く[10,90]、なかにはムジナモ属やタヌキモ属、ゲンリセア属、着生するウツボカズラ属のように根を失っている種も存在する（**図3-5**）。植物体に占める根の割合は

三・四〜二三％程度である。[98]
同所的に生育する非食虫植物と比較して根は浅く（食虫植物六・九±〇・九五cm、非食虫植物一一・九±〇・九六cm）、通気組織が存在しないかもしくは少ない。[132,133] 湿地の地中深くに根を伸ばして養分を得るには、嫌気状態の悪影響を防ぐための通気組織が根に必須である。したがって、湿生の非食虫植物は多くの場合、根に通気組織を有している。[134] それに対して、養分を土壌に依存しない食虫植物は根を深くはる必要も、通気組織を根に有する必要もないであろう。土壌の浅いところは、得られる養分は少ないが、酸素の供給には問題がない。[133] 湿潤な環境ゆえ、水の供給も

図 3-5 食虫植物の根（a 〜 g）。(a) ネペンテス・アルボマーギナタ、(b) ハエトリグサ、(c) コモウセンゴケ、(d) ヘリアンフォラ・ミノール、(e) ピングィクラ・エッセリアナ、(f) サラセニア・プシッタチナ、(g) フクロユキノシタ。植物体の大きさに対して根の割合が小さいことに注目。(h) 通常の植物を鉢に入れて育てると、根の広がりに対して鉢が小さすぎるのでいわゆる「根鉢」を形成する。一般に食虫植物、とくに湿地生のものは根の発達が悪い。

問題になることはない。これはまた同時に、根のバイオマスを別のコストに回すことも可能だろう。

このように根が貧弱なため、食虫植物は乾燥に敏感であり[2、133]、乾燥にあうとたちまち萎れ、致命的なダメージを負うものも少なくない。一方で、乾燥地に生育する食虫植物は比較的根が発達し、過湿を嫌う傾向にある。

また、被子植物としては珍しく、菌根菌と共生しない種が多いのも特徴として挙げられる[135]（4・2節も参照）。

・貧栄養に耐性があり、窒素とリンが生育を制限している

食虫植物は獲物が捕らえられないからといって、即座に貧栄養の負の影響を被るわけではない。たとえば、ドロセラ・エリツロリザは、栄養成長器官の八八％のリン、七九％の窒素を次の生育期のための塊茎に転流させる[136]。またサラセニア・プルプレアでも同じく、全窒素のうち六〇％以上は過去に得た窒素を再利用している。この窒素は古い捕虫器の組織に蓄えられており、新しい捕虫器が展開するときに新しい捕虫器に転流される。再利用の量から窒素の平均滞留時間を計算すると、二・七年であり、これは非食虫植物と比較して長い[137]。また、ムシトリスミレ属の三種でも、繁殖をしない場合は二・二年であり、同様に長い[138]。水生食虫植物も窒素とリンの再利用効率が高いが、一方、カリウムに関してはまったく再利用しない点は地上生種と

の大きな違いである。[80] 食虫植物は、自らの植物体内にある資源を使いまわすことで、〝飢餓〟状態でもしばらくは生育できる。しかし、長期にわたって獲物を捕らえられないことは、間違いなく負の影響をもたらす。

地上生の食虫植物は窒素、リンの含量が低く、両方において生育の制限を受けている。[91] これは、捕虫器が構造面で低コストであることとも関係しているだろう。一方で、水生の食虫植物は、窒素とリンの含量や制限の度合いにばらつきが大きい。[62]

食虫植物は足りないぶんの養分を捕虫することでまかなうが、獲物への依存度は種によって異なる。たとえば、植物体の全窒素のうち捕虫によって得られた窒素は一〇・〇%から八七・一%と幅が広い。[90] 生育期に獲得された窒素やリンのうち、獲物由来のものは五%ほどのものから一〇〇%にもなり、同様に幅が広い。[80,98] なかにはピグミードロセラのように、土壌由来の窒素源（硝酸イオン）を利用するために必須の酵素（硝酸レダクターゼ）を失っており、完全に獲物由来の窒素に依存していると考えられる種も存在する。[139] カリウムに関しては、窒素やリンと異なり根から吸収されるようであり、獲物由来のものは一〜一六%と、窒素やリンに比べると幅も狭く、最大値も低い。[80,98] ただし、トリフィオフィルムはカリウムの制限を受けていると推察されている。[91] そして、獲物への依存度がさまざまであるのと同様に、土壌養分への依存度もさまざまである。[98] さらに、獲物と土壌養分の成長へ影響を与える関係性も異なっていると考えられている。

＊　＊　＊

食虫植物の生育環境と生態について概観した。食虫植物が生息するのは多くは明るく湿った貧栄養な土地である。例外的に、半乾燥な気候、林床、樹上、そして富栄養な環境に生育する種もいるが、食虫植物の生育するいずれの環境においても、背の高い植物にとって生育困難であることは同じである。生育困難な環境に生育することで、食虫植物はほかの大型の植物との光をめぐる競争を避けている。しかし、土壌の養分を利用できないことは、通常その土地に植物が生育できないことを意味する。しかし、食虫植物は獲物を捕まえ、分解吸収することで、貧栄養を補う。これらの特徴は、「なぜ食虫植物に草本が多いのか」の答えを示唆する。すなわち、大型植物との光をめぐる競争からの解放とストレス・攪乱環境下において大型化、木質化ではなく小型化し、食虫性にコストをかけているからだと、推測される。

しかし、食虫植物がほかの多くの植物と大きく異なっているかといえば、そうではないだろう。栄養獲得機構とそれに付随する形態的特徴だけが、ほかの植物との戦略的な違いだ。土地の選好性もたしかにほかの湿地以外に生育する植物と異なっているが、食虫植物しか生育していない環境というのは存在しない。ほかの湿生植物も食虫植物と同所的に生育しているということを考えれば、決して食虫植物だけが湿地に特有というわけではない。ほかの湿生植物は、それぞれで食虫性とは異なる湿地に適応した戦略（たとえば、根に通気組織を有するなど）があるはずである。

食虫植物が生育する環境はとても壊れやすい。それは湿地には多くの水が存在していることと密接に関わっている。水の優れた媒質としての性質ゆえに、湿地は化学的攪乱の影響を受けやすい。とくに湿地の富栄養化は、背の高い植物の侵入、乾燥化、そしてさらなる富栄養化という循環をもたらし、湿地環境は最終的に崩壊してしまうであろう。

コラム4

C-S-R戦略説

本章では日光をめぐる競争に焦点を当てているが、これは日光という限られた資源が食虫植物とほかの植物で重複しているからである。限りのある資源が重複すれば、それの奪い合い、すなわち競争が起こる。植物どうしは日光に限らず、水や無機栄養などをめぐる競争をしている。しかし、食虫植物とほかの植物とでは、養分獲得機構が違うために無機栄養の観点からは資源の重複が少なく、生育地の性質のために多くの場合において水資源には限りがない。したがって、食虫植物とほかの植物で競争しうるのは、前述した資源のうち日光が主であると考えられる。日光をめぐる競争においては、植物体を大きくしたほうの勝ちである。その点でいえば、食虫植物は例外を除き小さく、競争に勝てそうにはない。しかし、食虫植物は特定環境において、大きな植物との競争を避けて生育している。これをうまく説明できるのが「C-S-R戦略説」である。

本文中ではふたつの戦略を紹介したが、それらにもうひとつの戦略を加えて取りまとめたのが、グライム[140]によるC-S-R戦略説（三戦略説）である。C-S-R戦略説は、植物の生活史戦略をストレスと攪乱のふたつの選択圧で説明する。本文でも紹介したが、ストレスとは植物の生育を生理的に阻害する環境要因、攪乱とは植物を物理的に破壊する外部からの力である。C、S、Rは三つの戦略を意味し、それぞれ競争戦略（competitor）、ストレス耐性戦略（stress tolerator）、攪乱依存戦略（ruderal）である。それぞれの戦略は生育環境のストレスと攪乱の程度によって、**図3－6**のように関連づけられている。ストレスと攪乱の両方の程度が大きい場合は、その生育地に植物は生育できない。
各戦略の特徴を**表3－2**にまとめた。

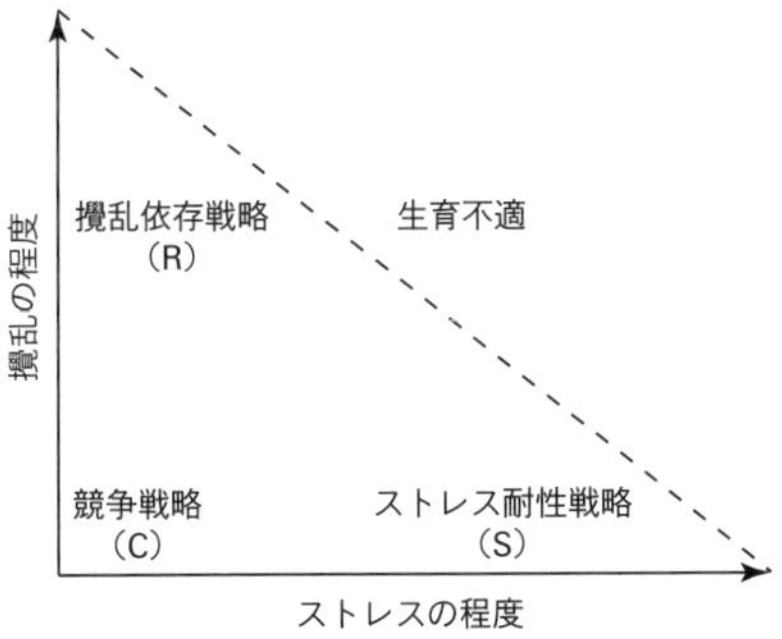

図3－6　戦略の位置づけ（C-S-R三角形）。文献140より作成、改変。

・競争戦略

ストレスが弱く、攪乱が少ない生育地で有利となる。素早い生長や高い生産性（高さ、横への拡大、根量における高い生長性）、表現型可塑性といった、日光、水、無機栄養を獲得する、すなわち競争をするうえで有利な形質を有する。しかし、この高い競争能力が発揮されるのは、ストレスがかからず、攪乱により生育をリセットされない場合である。

表 3-2　戦略のいくつかの特徴

	競争戦略	ストレス耐性戦略	攪乱依存戦略
シュートの形態	• 葉による高密度の林冠 • 地上部と地下部の横への広い拡大	• 幅広い生育型	• 低い背丈、限られた横への拡大
葉の形態	• 硬く、しばしば中間的	• しばしば小さいか革質、もしくはトゲ状	• さまざま、しばしば中間的
リター	• 多く、しばしば持続的	• 少なく、ときに持続的	• 少なく、持続的でないこともある
最大の潜在相対生長速度	• 速い	• 遅い	• 速い
生育型	• 多年生草本、低木、高木	• 地衣類、多年生草本、低木、高木（しばしばきわめて長命）	• 一年生草本
葉の寿命	• 比較的短い	• 長い	• 短い
葉の生産におけるフェノロジー	• 最大潜在生産性を期待できる期間と同調した明瞭なピーク	• さまざまなパターンの常緑性	• 高い潜在生産性を期待できる期間のうちの短期間
開花フェノロジー	• 最大潜在生産性を期待できる期間の後（もしくは、よりまれに、その前）	• 一般的関係性はない	• 一時的に好適な期間の終わり
種子にあてる年生産の比率	• 小さい	• 小さい	• 大きい

文献 140 より作成、改変。

・ストレス耐性戦略

ストレスが強く、攪乱の少ない生育地で有利となる。生育地に応じたストレスへの対応策にコストをかけ、生長が遅い。また、環境がストレスから好転しても反応しない。そして、常緑性や寿命の長い葉を有する。生長が遅いことは、競争戦略型との競争に不利であることを意味する。しかし、競争戦略型にとって、ストレス環境はしばしば生育不可能なほど苛酷である。ストレス耐性戦略は、ストレス環境下で生育可能なので、ストレス環境下では競争戦略よりも有利となる。多くの食虫植物をはじめとした湿生植物や水生植物、乾生植物、塩生植物などが該当する。

・攪乱依存戦略

攪乱が多く、ストレスの弱い生育地で有利となる。生長が速く、短期間で生育を完了し、多くの種子を残すが、生育期間が短いために最終的なバイオマスに限界がある。最終的なバイオマスが競争戦略型に比べ劣ることは、競争戦略型との競争において不利であることを意味する。しかし、攪乱は競争戦略型の生育をリセットしてしまう。攪乱依存戦略は生育期間を短くして攪乱を避け、攪乱により排除されても大量の埋土種子から再生ができるため、不定期な攪乱の多い環境では競争戦略よりも有利となる。寿命の短い食虫植物、一年生雑草などが該当する。

食虫植物は、過湿や貧栄養といったストレス環境に生育するストレス耐性戦略をとる種と、ストレス耐性戦略に加えて野火や人間活動などの攪乱によりほかの植物が排除された環境に生育する攪乱依存戦略を組み合わせる種が存在する。食虫植物の生育地は、いずれも競争能力の高い大きな植物がストレスにより侵入できない、もしくは攪乱により排除される環境であり、食虫植物の戦略と生活史特性をC–S–R戦略説でうまく説明できる。

ただし、C–S–R戦略説は植物の生活史戦略を包括的にまとめたものであり、個々の植物についての詳細な生活史特性がわかるわけではない。ここでの議論は相対的な話である。どのような環境に生育していようと、すべての植物は隣接する植物が存在すれば競争をしなければならず、ゆえにある程度の競争能力を持っているし、各ストレスに対して多かれ少なかれ耐性があるであろうし、ある程度の攪乱から回復する能力を持ち合わせている。それが食虫植物であっても同様である。ストレス耐性も、生育期間もそれぞれの種に応じてさまざまであり、それらの性質は生育環境に依存して進化している。詳細な生活史特性を知るためには、詳細な生育環境の情報が必要であることに変わりがない。

第4章

食虫植物と蟲とはどのような関係か

ハエトリグサの花と日本においてハエトリグサに訪花する昆虫。この昆虫はこのあとどうなるのだろう。花がこの昆虫を捕らえるのだろうか。そもそも、食虫植物に関わる蟲たちは、みんな喰われてしまうのだろうか。食虫植物は孤独で絶対的な捕食者なのだろうか。

食虫というからには蟲[*1]との関係は切っても切り離せない。「食虫」という言葉からは一方的に植物が蟲を〝食い物〟にしている様子がイメージされる。だが実際のところ、食虫植物と蟲の関係は単純なものではなく、もっと多面的である。本章ではその関係を紹介しよう。

4・1　獲物

これまでに何度も言及してきたように、食虫植物にとって蟲は獲物としての側面がある。標的の蟲をひとたび罠で捕まえれば、その蟲を分解・吸収し自らの生育の糧とする。食虫植物の獲物の種類や大きさ、利用範囲は、分類群によってさまざまである。

小さいものでいえば、タヌキモ属は小さな節足動物（いわゆる、虫）、緩歩(かんぽ)動物（クマムシなど）、線形動物（線虫など）[141]を捕らえ、ゲンリセア属は原生動物を捕らえることが知られる。[7]最近食虫性が確認されたフィルコクシア属は、線虫が獲物の中心と推定される。[8]

モウセンゴケ属やムシトリスミレ属のような鳥もち式の罠を持つ種や、その他多くの食虫植物にとって節足動物は主たる獲物となる。たとえば、シエラネバダの高山帯に生育するピングイクラ・ネヴァデンシスは、カ亜目の生物が獲物の五〇%近くを占め、ほかにはカ亜目を除いた双翅(そうし)目(ハエやカを含む分類群)、ダニ目、トビムシ目が多く捕らえられる。ピングィクラ・ネヴァデンシスには獲物の大きさの限界値があり、捕らえられた獲物は八〇%が二ミリメートル以下であり、三・五ミリメートル以上になると稀(まれ)である。[142]

ウツボカズラ属も、複数の分類群を獲物として捕らえる。アダム[143]によればボルネオのウツボカズラ属一八種は、節足動物の一五分類群、軟体動物、その他の一七分類群を獲物として捕らえていた(そのなかでもアリ類がもっとも多い)。捕虫器の大きくなる種では、ときとして脊椎動物を捕らえることもある。ウツボカズラ属の最大種ネペンテス・ラヤ(捕虫器の容積は最大のもので三〜四リットル、成熟株なら小さくても一リットル程度はある)の壺のなかにネズミが死んでいたという報告がある[144,145](**図4-1**)。種によっては、上位捕虫葉と下位捕虫葉を形成し、つくった捕虫葉によって捕らえられる獲物の分類群の比率が異なることもある。[143,146]上位捕虫葉では飛翔する獲物をより多く捕らえ、下位捕虫葉では歩き回る獲物をより多く捕らえる。[143]

一方、ネペンテス・アルボマーギナタのように特定の獲物を捕らえることに特化している場合

*1 「虫」は一般に節足動物を指すが、「蟲」は生物全般、とくに小動物を指す。ほかの章では基本的に獲物としての蟲について述べているので「獲物」と表記しているが、この節ではそれ以外の側面に触れるのでとくに節足動物に限らないことに関して「蟲」という漢字を使用する。

図 4－1　ウツボカズラ属は、種によってさまざまな小動物を捕らえる。写真はネペンテス・ラヤの捕虫器。その最大容積は3L以上にもなり、ときとしてネズミなどの脊椎動物を捕らえる。比較用として筆者の手も写っている。

もある（ほかの獲物を捕らえないわけではない）（**口絵⑩**）。ネペンテス・アルボマーギナタは、ひとつの捕虫器にコウグンシロアリの仲間（ホスピタリテルメス属の三種）を何千匹も捕らえる。[147] これは、ネペンテス・アルボマーギナタの捕虫器の口付近にある白い毛を、コウグンシロアリが餌とするために集まり、その過程でコウグンシロアリが捕らえられることによる。コウグンシロアリによって一晩でこの白い毛は消費されるが、この一晩で何千ものシロアリを捕らえるのである。[147]

食虫植物全体を俯瞰してみると、モウセンゴケ属やムシトリスミレ属は双翅目やトビムシ目、トリフィオフィルム属は甲虫目、落とし穴式の種ではアリ科が獲物となることが多い。そして、ブロッキニア属やウツボカズラ属、サラセニア属は、比較的獲物の多様性が低く（多くがアリ科）、ハエトリグサ属やタヌキモ属、トリフィオフィルム属は多様性が高い。[148]

捕らえた獲物によっては、食虫植物に悪影響を与えることもある。たとえば、ハエトリグサのように獲物を圧迫する食虫植物がアリを捕まえてしまうと分解する際にギ酸が放出され、捕虫器はダメージを被る。一度ダメージを受けた捕虫器は二度と使えず、最終的に捕虫器が枯れるので養分吸収も失敗に終わってしまう。それに対して、ウツボカズラのような落とし穴式捕虫器を有する食虫植物は、獲物に密着しないためか、アリを捕まえてもあまり害を受けていなさそうである。だからといって、落とし穴式の捕虫器が完璧というわけではなく、捕虫器に穴が開き、捕虫の機能が損なわれることがある（**図4－2**）。

4・2　共生者

意外に思われるかもしれないが、蟲のなかには食虫植物と互いにとって利益となるような共生をしているものが知られる。しかも、なかにはかなり密接な共生関係を結んでいるようなものもある。本節で取り上げる共生は、主として送粉共生以外の、蟲にとって利益があり、かつ食虫植物側に利益があるか（相利共生）、利益も害もな

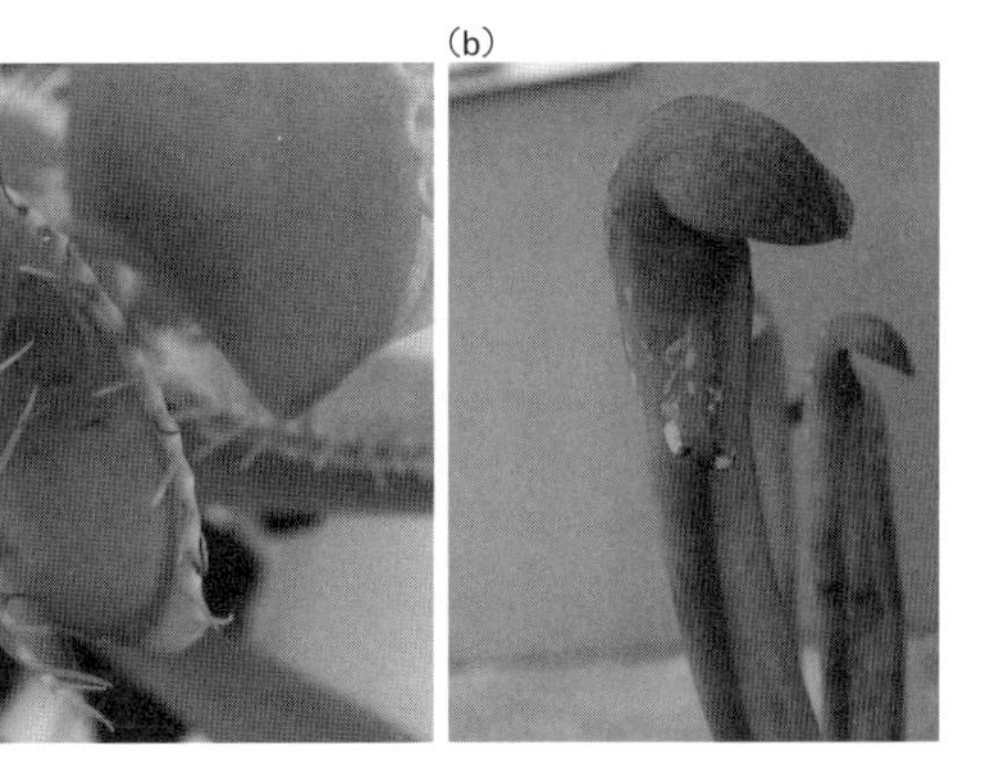

図4－2　穴の空いた捕虫器。（a）ハエトリグサと（b）サラセニア・ミノール。

い場合（片利共生）の関係に限定する。送粉共生については4・3節、害がある場合（捕食や寄生）は4・4節を参照してもらいたい。

食虫植物関連の共生は、袋型の捕虫器をつくる食虫植物（ウツボカズラ属、サラセニア科およびタヌキモ属など）について取り上げた研究が多い。事実、これらの食虫植物には共生者が多いように見受けられる。これらの食虫植物の場合、捕虫器内部に死んだ蟲が蓄積し、また捕虫器が外界に開かれた形になっていながらも境界が明確であるため、ほかの共生者にとって利用しやすい状況下にあるためと考えられる。また、袋型捕虫器の場合、水を溜めることが多く、その構造やファイトテルマータ[149]を利用する生物も集まってくるのだろうと推定される。

ロリドゥラ属とカスミカメムシ：分解と送粉の相利共生

袋型捕虫器の共生の例が多いことを前述したが、その例外のひとつであり、かつ強力に結ばれた相利共生関係の例を先に紹介する。それはロリドゥラ属とカスミカメムシの仲間との共生関係である。[16,150] ロリドゥラ属の植物は松ヤニ状の粘液を出し多くの虫を捕らえるが、粘液に消化酵素は分泌していない。[19] その代わりにこの植物の樹上で生活するカスミカメムシの仲間が、捕らえられた獲物を捕食しその排泄物を養分としてロリドゥラは吸収する。さらにロリドゥラの送粉はこのカメムシが行う。[151] カスミカメムシは体表の構造の関係上、ロリドゥラの粘液には捕らえられることがない。[152]

ウツボカズラ属に見られるさまざまな共生

ウツボカズラ属関連の共生関係がいくつも報告されている。クラークら[153]はネペンテス・ローウィーがツパイに蜜を与える代わりとして、グラフェら[154]はネペンテス・ヘムスレヤナがコウモリにねぐらを与える代わりとして、それぞれ小動物から排泄物を受け取り養分としていると報告している。さらにネペンテス・ヘムスレヤナに関しては、捕虫器の形状がコウモリの超音波を効率よく反射できるようになっており、コウモリを積極的に呼び寄せている[155]。すでに登場したネペンテス・ラヤにおいて、ネズミは獲物として利用される可能性もはらんではいるが、普段はネペンテス・ローウィーのように蜜を差し出す代わりに排泄物も受け取っている[145,156]。

シャーマンら[157]は、ネペンテス・ビカルカラタとアリの一種カンポノトゥス・スキミチジィの共生関係について調査している。ネペンテス・ビカルカラタの捕虫器内部には、複数の生物が生息している。そのなかでも双翅目の昆虫は、捕虫器内部の養分を利用して生活したあとに、捕虫器から飛び去っていく（結果的に、捕虫器から養分が持ち出されるため）寄生者である（4・4節参照）。かれらは共生者のアリが、捕虫器内部を泳ぎ、双翅目の幼虫を捕殺して捕虫器からの養分移出を防ぐと報告している。ほかにも、アリへの住処や餌の提供（ネペンテス・ビカルカラタの捕虫器のつるは中空となっており、ここがアリへの住処となっている[158,159]）、アリの排泄物の受け取りやアリによる獲物の解体[158]、捕虫器の掃除[159]、獲物の脱出の妨害[160]および捕虫器を破壊する生物からの防衛[161]などが報告されている。

そして、片利共生的関係も存在する。ウツボカズラ属に特有で見られるハナグモ属が知られ、このハナグモは捕虫器内部の壁面で待機し、養分を横取りして飛び去る双翅目などを捕らえて餌とする。[144,149] さらに捕虫器内の液体中にも、養分を持ち出す双翅目を襲う捕食者が存在する。[149] 捕虫器を水溜まりとして利用するカエルやカニも存在し、[144] 同様に捕虫器内部の獲物や生物相を利用する。これらの関係は、ウツボカズラ属から最終的に持ち去られる養分の量によって、相利共生的になるか片利共生的になるかが決まると考えられる。

微生物による分解

哺乳類や節足動物以外の共生者も知られている。消化酵素を有するか否かにかかわらず、多くの食虫植物は獲物の分解の一部を微生物に依存している。消化酵素を分泌するウツボカズラ属でさえ、共生微生物の消化酵素が重要な役割を果たしていると考えられている。[20] ただし、単に微生物に分解を任せるのではなく、ウツボカズラ側がコントロールしていることが示唆されている。[1,162] この調整も種によってさまざまである。たとえば、pHは捕虫器内部の液体に暮らす共生生物の生存や生育に強い影響を及ぼすが、分解を共生者に強く依存する種はpHが中性に近く、自身の消化酵素で行う種はpHが低く酸性に傾いている。[163]

タヌキモ属の捕虫器内部に藻類や細菌類、菌類、動物プランクトンのコミュニティーが存在している事例も存在する。[164,165] たとえば、ウトリクラリア・プルプレアはほとんど水棲無脊椎動物を捕まえておらず、微生物たちの出すゴミを餌にしているのではないかといわれている。[164] さらに、シロヴァら[165]によれば、捕虫器が古くなると、徐々に捕虫器内部のコミュニティーが充実していく。そして、若い捕虫器では認められていた植物自身のフォスファターゼは、古い捕虫器では見られなくなり、逆に細菌類などによるフォスファターゼ活性が強くなる。つまりは、細菌類による分解に移行すると考えられる。一方で、捕虫器内部の植物由来の炭素化合物は増加し、これがコミュニティーに支払われる対価であろうと推測される。これは、〝通常の〟陸上植物でいう菌根共生に相当する関係ともいえる。

その他の共生

前述したタヌキモ属はほかにも窒素固定菌とも共生しており、そのなかにはマメ科との共生で有名な根粒菌の仲間も含まれる。[166] 窒素固定菌はタヌキモ属の罠のなかで、大気中の窒素を固定しており、その際生じた物質をタヌキモ属は吸収しているようだ。[166] ただし、タヌキモ属が一日に取得する全窒素のうち、窒素固定由来の窒素の割合は一%より少ないため、実際にどれだけ正の効果があるかは不明である。

サラセニア・ミノールでは、アリは主たる獲物であると同時に、食害からの防衛にも寄与するようだ。[167] 操作実験によってアリが捕虫器に到達しやすくすると、双翅類の幼虫による捕虫器の食害が減る。

ダーリングトニアもロリドゥラ属と同様、消化酵素を分泌しない。この植物も、分解は捕虫器内部の共生者や双翅目の幼虫に依存している。[3,21]

フクロユキノシタと双翅類の関係は少々複雑なようだ。というのも、野外調査の結果、フクロユキノシタの成熟した捕虫嚢の割合によって、共生する双翅類の効果が異なることがわかっている。[168] 成熟した捕虫嚢の割合が二〇%程度だと双翅類の密度と捕虫嚢の割合に正の相関が見られ、一方で九〇%程度だと双翅類の密度と捕虫嚢の割合に負の相関が見られる。一般に、食虫植物の栄養状態が改善すると、捕虫器の割合が低下する。したがって、これらの結果は成熟した捕虫嚢が少ないと双翅類の養分の持ち出しが多くなる寄生的な関係になり、一方で成熟した捕虫嚢が多い場合は双翅類による分解が植物の分解能力を補助するような相利共生的な関係になることを示唆しているのかもしれない。[168] しかしながら、リンベリーら[168]は捕虫嚢に双翅類が存在するもしくは存在しないという操作を加えた実験では、明瞭な効果がなかったため、実際の効果は不明であるとしている。

菌根共生は？

一方で、ほかの植物種の多くで認められているが、食虫植物にはほとんど存在しない共生関係がある。それは、菌根共生である。3・3節でも述べたが、食虫植物の多くは菌根共生をしない。[135] 食虫植物は無機栄養の獲得を土壌にほとんど依存していないと考えられる。菌根共生は、菌根菌が土壌中の無機栄養を収集して共生している植物に受け渡す代わりに、植物から光合成産物を受け取る関係であるとされるので、不要でコストのかかる共生関係をあえて維持することがなかったのかもしれない。もしくは、多くの食虫植物が生育する湿地という嫌気的環境が、菌根菌の生存に不適であるがために、共生関係を断たざるを得なかったのかもしれない。ただし、二〇一〇年にはクィリアムとジョーンズ[169]によって、その役割は不明であるがモウセンゴケの菌根共生が明らかにされている。もしかしたら、詳細に調べられていないだけで、ほかの植物と同じく菌根共生が存在しているかもしれない。

4・3　送粉者

共生のひとつの形として、送粉共生について紹介する。食虫植物が種子植物であることは第1章で述べたとおりである。したがって、食虫植物は花を咲かせ、蟲はその花の花粉媒介者（送粉者）としての側面を持つ。食虫植物のなかには目立つ花をつけるものが存在する。たとえば、世界のモウセンゴケ属には、白やピンク、オレンジなどの色彩の花が存在している。日本のモウセンゴケ属も同様に白やピンクの花を咲かせ、一部の種ではハナアブなどが訪花している。[170,171] 日本で栽培していると、ハエトリグサの白い花にはハナアブやハチが訪花する（**図4-3**、本章扉も参照）。タヌキモ属のような長い距（きょ）（蜜が溜まる筒状構造）を有する花には、スズ

図 4－3　ハエトリグサの花と送粉者。ハエトリグサは比較的大きい白い花を咲かせる。自動自家受粉をしないため、受粉は送粉者に依存していると考えられる。

メガの仲間が蜜を吸いにくる。[2] サラセニア属やダーリングトニア属には、ハチの一種が送粉を行うことが知られる（それぞれ、マルハナバチ属[172]、ヒメハナバチ属[173]）。ウツボカズラ属のような地味な花は、匂いを出してハエなどをおびき寄せて受粉してもらうという。ロリドゥラ属は、獲物の分解における共生関係にあるカメムシが送粉を行う。[151]

食虫植物において主たる送粉者は節足動物、とくに昆虫類である。そして、同時に昆虫類は獲物にもなりうる。これは相反する関係といえる。有性生殖の手助けとして昆虫類を利用するならば、それらを獲物として利用すると問題が生じるし、獲物として利用する限り送粉者としては利用できない。送粉してもらってから獲物として利用ということも考えられるが、送粉者と獲物という立場が重複している限り、そのように食虫植物にとって都合よくいくわけがなさそうだ。したがって、送粉者と獲物の重複は、食虫植物が蟲を獲物として利用するか送粉者として利用するかの対立という問題を生むのである[151]（コラム5参照）。

一方で、送粉者側も利用されるばかりではない。日本のナガバノイシモチソウの送粉を行うハナアブの一種ヒメヒラタアブは、ナガバノイシモチソウの花や他種の花や葉に着陸する頻度と比較して、罠には着陸する頻度が小さい。[171] これはヒメヒラタアブが、空中浮遊しながら前後に動いて、着陸する場所が安全かどうかを確認しているためだと考えられる（躊躇行動）。このように、送粉者あるいは獲物となりうる節足動物側も、食虫植物の罠に対する策を有している可能性がある。蟲側の食虫植物への対抗策というのは、食虫植物と蟲の関係性を紐解くうえで興味深いテーマのひとつかもしれない。

4・4　捕食者と寄生者

そして、蟲は食虫植物にとって捕食者的、寄生者的になることもある。食虫植物という存在は、あたかも一方的に蟲を捕食するイメージを与えるが、そうではない。当然のことであるが、食虫植物は罠にはまらない蟲を捕食することはできない。食虫植物の捕食者や寄生者は、食虫植物の罠にはまらない機構を備えている。それは蟲の体が小さすぎるか大きすぎる、捕虫器に誘われない、捕虫器から逃れる術があるなど、さまざまであろう。[174〜178] たとえば、ピングィクラ・ロンギフォリア上のオリバトゥラ属のダニの一種はあまりに小さいために自身は粘液に捕らえられることなく、捕虫器に捕らえられた獲物を利用できる。[174] ハナアブの幼虫やナメクジは体表に液体を分泌しており、これが粘液に捕まるのを防ぐと考えられる。[175, 178] アリは体が大きく力も強

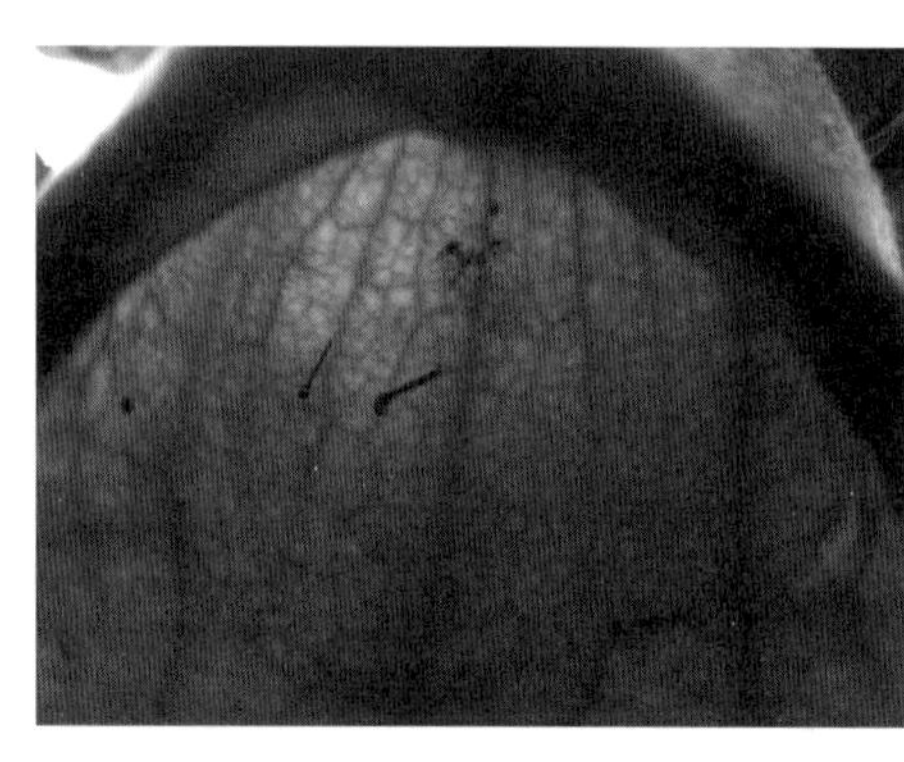

図4－4　サラセニア・ロセアの捕虫葉の内部に住むボウフラ。

いので、粘液上でも移動が可能である。[177] ウツボカズラ属やサラセニア属の捕虫器内部の水溜まりを利用する生物は、泳いだり水中で呼吸できたりするので、溺れ死ぬことがない（図4－4）。捕まって死んでくれるものなら何でも獲物になるが、裏を返せば、罠に捕まらないその蟲にとって食虫植物はただの植物なのである。

直接的に消費する捕食者や寄生者

食虫植物を直接消費する関係としては、トリバガ科のモウセンゴケトリバが、モウセンゴケなどの果実を摂食する例がある。[176] アルキドデス属のゾウムシの一種はネペンテス・ビカルカラタの捕虫器を形成する前の葉に穴をあけて摂食し、捕虫器形成を阻害してしまう。[161] シュアレス＝ピーニャら[179]は、光環境に依存したピングィクラ・モラネンシスにおける食害の影響を調査した。すると、日陰よりも日向にいる個体のほうがよく食害されていることが明らかになった。その一方で、日陰よりも日向の個体のほうが、高い確率で花を咲かせ、果実生産していることも明らかになった。この結果を見ると、食虫植物はふたつの異なる方向の選択圧の板挟みになっている可能性がある。第3章で議論したように、食虫性は高い日照量の下で多くの利益を生み出す。これは日向のほうで果実生産が多いことからも見て取れる。それに対して、日向だと食害を受ける可能性も上昇する。食虫植物にとって、資源が限られているなかでの食害は致命的になる可能性もある。このような状況下では、日向での食虫性の利益が食害のコストを上回っているために食虫性が維持できているのだと考えられる。もし、食害のコストのほうが大きくなれば、いずれは日陰で生活し、食虫性を失うような進化も起こるのかもしれない(第5章参照)。

図4－5　バッタに食害されたネペンテス・アラタの葉。

ほかにも、食虫植物を栽培しているとさまざまな植食者・寄生者からの害を被る。たとえば、**図4－5**ではネペンテス・アラタをバッタが食害している。私の個人的経験では、ウツボカズラ属やフクロユキノシタ属がアザミウマやハダニのような寄生者から吸汁害を受けたこともある。自然界で実際に食害されるかは別として、この事例は食虫植物を食害する可能性のある蟲は少なくないということを示唆している。

労働寄生

食虫植物が捕らえた獲物そのものや獲物の分解によって生じた養分を横取りするような寄生者的関係を示すものも知られる。このように宿主の労働を搾取する形の寄生を「労働寄生」と呼ぶ。繰り返すが、ウツボカズラ属の捕虫器内には多様な生物が住みついている。そのうち、双翅類（ハエ、カ）の幼虫は捕虫器内の養分を横取りし、そのまま羽化して飛び去ってしまうことは前述のとおりだ。これは明らかに、獲物の誘引や分解をウツボカズラ属に依存しているが、その見返りを与えないのであるから寄生的な関係といえる。ネペンテス・ビカルカラタの共生者として取り上げたアリの一種は、かつて獲物の横取りをする略奪者と考えられていた。現在はその相利共生的関係が指摘されているが、アリ側の行動次第では寄生的関係を示すかもしれない。

カスミカメムシとの共生関係で紹介したロリドゥラ・デンタータには樹上にシナエマ属のクモの一種が存在し、このクモも同様にロリドゥラ・デンタータの捕らえる獲物を利用する。しかし、このクモが高密度で生息すると、カスミカメムシの密度に負の影響を与え、最終的に植物側が吸収できる窒素量が減少する。つまり、このクモは植物側からすると〝裏切り者（生態学では、しばしば〝チーター〟と呼ばれる）〟である。[150]

これらのほかにもさまざまな労働寄生が知られている。[174,175,178] 食虫植物は蟲を捕らえる捕食者的側面を持ちつつも、同時に4・2節から本節まで紹介してきたように、捕らえられた蟲を起点としたさまざまな蟲の生活の場ともなっているのである。

4・5　競争者

4・1節と同じく食虫植物と蟲の間でしか見られない関係性として、蟲との獲物（養分）の取り合いの関係がある。その関係性の形によってその蟲が食虫植物にとって競争者的になるか、寄生者的（4・4節）になるか、もしくは共生者的（4・2節）な関係を示すと考えられる。

競争者的な関係性としては、コモリグモとモウセンゴケの関係がある。造網性コモリグモ科ソシップス属の一種はアメリカコモウセンゴケと同所的に生息し、獲物も重複するとされている。コモリグモは、競争を避けるためなのか、アメリカコモウセンゴケと重複しないように網を張る。また、徘徊性コモリグモ科ラビドサ属の一種とアメリカコモウセンゴケを同じケースで飼育すると、アメリカコモウセンゴケの適応度が下がるということが報告された[180]。ここから推測されるのは、この徘徊性コモリグモが獲物を捕らえることで、獲物の制限がアメリカコモウセンゴケのほうにかかり、そのぶんだけ種子産生量が低下したということである。

さらに複雑な系として、ジェニングスら[181]は上記のアメリカコモウセンゴケと造網性コモリグモ、そしてヒキガエル科アナクシルス属の一種の三者の競争的関係をメソコスム（巻末の「用語解説」参照）実験で明らかにした。このとき、ヒキガエルは強力な競争者である。ゆえに、ヒキガエルの存在により、アメリカコモウセンゴケの個体数に負の影響を与え、コモリグモの網の位置はより高く、網の大きさはより大きくなる（おそらく競争と捕食を避け、獲物を多く捕らえるため）。さらに、ヒキガエルが存在するとアメリカコモウセンゴケの腺毛量も増加し、獲物を多く捕らえるような形態になる。一方、ヒキガエルの成長には負の影響を与えた。アメリカコモウセンゴケはコモリグモはアメリカコモウセンゴケの個体数に与える影響は大きくなかったが、ヒキガエルに与える影響はそれほど大きいとはいえないようだ。これらの効果はメソコスム内の餌資源量によって変わる。たとえば、餌資源が少ないときほど、ヒキガエルのアメリカコモウセンゴケの個体数に対する負の効果と腺毛量に対する増加の効果は大きい。ヒキガエル存在下でかつ餌資源が少ないときには、アメリカコモウセンゴケの罠量が増えるとコモリグモの罠面積が増加した。これはコモリグモが多く獲物を捕獲しようとしていると考えられる。加えて、ヒキガエルはアメリカコモウセンゴケが捕らえた獲物を捕食することがあり、その量はアメリカコモウセンゴケが捕らえた量の八％になるという。直接的な競争のほか、このような労働寄生的な性質（4・4節参照）も、アメリカコモウセンゴケの個体数に負の影響を与えているだろう。

4・6　蟲をめぐる相互作用

本章の最後で、少し視点を変えてみよう。獲物である蟲をめぐる食虫植物や非食虫植物との相互作用という、これまでの食虫植物と蟲の一対一関係から一歩進んだ相互作用を考える。通常の植物どうしにおいては、獲物をめぐる競争は生じえない。さらに、競争の生じる距離という観点では、通常の植物どうしの競争は、隣接個体どうしの光や無機栄養をめぐる競争であり、したがって、葉と葉、根と根の重複する範囲の近距離で生じる競争である。それに対して、食虫植物の獲物をめぐる競争の強さは、食虫植物の生育地全体の獲物の豊富さに依存すると考えられるので比較的遠距離でも効果を生じえる。*2 これらの意味で、食虫植物と蟲の相互作用を考察する際には、興味深いトピックである。はたして、食虫植物どうしは獲物をめぐって競争をしているのだろうか。

＊2　ただし、通常の植物どうしでも遠距離的に働く競争が存在する。たとえば、共通の捕食者が存在するときの、「捕食者がいない空間（もしくはニッチ）」をめぐる競争がその例である。

食虫植物の種内での競争

ギブソン[182]はアオイトバモウセンゴケの密度と獲物の捕獲数の関係を明らかにした。アオイトバモウセンゴケは、葉が四〇センチメートルと大型になる食虫植物である。一平方メートルにおけるアオイトバモウセンゴケの密度が大きくなると、葉の長さ当たりの獲物捕獲数は減少する。さらにギブソンは、餌を多く与える区、餌の量を操作しない区（すなわち野外の餌の量と同じ）および餌を排除する区を設けて、生育量を調べた。すると、傾向として生育量は「餌を多く与える区>餌の量を操作しない区>餌を排除する区」の順になることが明らかになった（ただし、有意差はなかった）。このことから、アオイトバモウセンゴケの密度が大きくなって、個体当たりの捕獲量が低下すれば、個体の生育量も低下すると考えられる。すなわち、種内競争が生じると考えられる。

食虫植物の種間での競争

しかしながら、種間においては上記のような競争の証拠は得られていない。すなわち、これから紹介する三つの研究事例は、いずれにおいても比較した種間で獲物が重複しておらず、獲物をめぐって競争している証拠が明らかではない。

まず、同所的（もしくは比較的近距離）な分布かつ近縁な二種もしくは二変種を用いた研究例を紹介する。一例目として、サム[183]はドイツにおける南バイエルンのキムジーで、モウセンゴケとナガエモウセンゴケの獲物相を調べた。すると、モウセンゴケは地面を這う虫（たとえば、トビムシ目）を、ナガエモウセンゴケは飛行する虫（たとえば、カ亜目およびハエ亜目）を多く捕らえ、利用する獲物に分化が認められた。二例目として、スティーブンスら[184]はアメリカ合衆国のジョージア州南東部とフロリダ州北東部に広がるオケフェノケー自然保護区域およびオシオラ国立森林公園において、サラセニア・ミノールの二変種（サラセニア・ミノールおよびサラセニア・ミノール・オケフェノケーエンシス）の獲物相を調べた。その結果、サラセニア・ミノールはアリ科を、オケフェノケーエンシスは甲虫目、チョウ目および双翅目を捕らえており、これらの二変種も利用する獲物に分化が認められた。

同所的に分布する種が多い場合はどうだろう。ガームら[14]はブルネイのヒース林に分布するウツボカズラ属の変種を含む七種について、獲物相を調べた。するとこれらの種は次の三つのグループ、すなわち、獲物をあまり捕らえないグループ（獲物数：一〇〜一〇〇匹）、社会性昆虫を多く捕らえるグループ（獲物数：一〇〇匹以上。獲物はアリ科、シロアリ目）、および幅広い分類群を捕らえるグループ（獲物数：一〇〇匹以上。獲物はおもにアリ科、双翅目および甲虫目）に分かれることが明らかになった。また、グループ内であってもそれぞれの利用する獲物あるいは獲物以外の資源が異なることもあった。たとえば、獲物をあまり捕らえないグループでは、ネペンテス・アンプラリアはリターを、ネペンテス・ヘムスレヤナはコウモリの排泄物を利用する。社会性昆虫を中心に捕らえるネペンテス・アルボマーギナタはシロアリ目を数多く捕らえ、一方で、ネペンテス・グラシリスはアリ科ばかりを捕らえる。さらに、ネペンテス・ビカルカラタは下位捕虫葉ではアリ科を、上位捕虫葉ではシロアリ目を捕らえる。これに対して、幅広い分類群を捕らえるネペンテス・ラフレシアナ・ティピカとネペンテス・ラフレシアナ・ギガンテアでは後者のほうが捕虫葉が大きいが、獲物の種類や数の差はなかった。後述するがこれらの種には三つの獲物捕獲戦略（「飛翔昆虫シンドローム」、「アリシンドローム」および「シロアリシンドローム」）が存在する。これらの捕獲戦略は、種によっては生育が進む、つまり下位捕虫葉から上位捕虫葉に変化するにつれて変化し、上位捕虫葉になるとさらに種間の獲物相の違いが際立つ。たとえば、ネペンテス・アルボマーギナタおよびネペンテス・グラシリスでは生育が進んでも戦略がほとんど変わらないが、ネペンテス・ビカルカラタはアリシンドロームからシロアリシンドロームへ、ネペンテス・ラフレシアナはアリシンドロームから飛翔昆虫シンドロームへ変化する。

なぜ食虫植物の種間で獲物が重複していないのか？

獲物が重複していない原因は、ここで比較した種間の形態と獲物相は密接に関係しているためである。[14、183、184] モウセンゴケとナガエモウセンゴケでは、前者は葉を地面に這わせるように配置し、後者は葉が立ち上がる。[183] サラセニア・ミノールとオケフェノケーエンシスでは、前者のほうが捕虫器外部の毛が多く、後者のほうがより開口部の高い捕虫器を生産する。[184] 低い位置の捕虫器や歩きやすい表面は地面を歩く獲物を、高い位置の捕虫器は空を飛ぶ獲物を捕獲するのに適した形態であると考えられる。[183, 184]

形態と獲物の関連性は、多種を比較したウツボカズラ属の研究でも同じくいえることである。獲物をあまり捕らえないグループは、蜜、匂いおよび目立つ色といった誘引に関する形質が欠落している。すなわち、蜜や匂いを出さず、緑色である。獲物を多く捕らえるグループは、捕獲対象の異なる三つの獲物捕獲戦略をとる。「飛翔昆虫シンドローム」は、黄色で、酸性に傾いた粘性のある液体を有し、蜜や甘い匂いを出す開口直径の大きな漏斗型捕虫器という特徴がある。「アリシンドローム」は、特徴が少ないが蜜の分泌、酸性に傾いた液体を有し、必ずというわけではないが内部がワックスで覆われた捕虫器が特徴である。「シロアリシンドローム」は、狭く、円柱型に近い捕虫器で、粘性を帯びない液体が特徴である。[14] 後半の三例については、進化的な観点から述べれば、過去の獲物をめぐる競争が厳しかったために、形態変化が起こり、獲物の重複が減るように進化した可能性がある。[14, 183]

たとえば、まったく異なる資源を利用する近縁な二種（ネペンテス・ラフレシアナとネペンテス・ヘムスレヤナ）の例を挙げよう。ネペンテス・ヘムスレヤナはかつてネペンテス・ラフレシアナと同一種として扱われていたことがある。ガームら[14]は、これら二種は同所的に分布するゆえに、獲物をめぐる競争が起こり、異なる獲物利用が進化したと考察している。しかし、この考え方は注意が必要である。[185] ベゴンら[185]が指摘したように、研究対象となっている種の形態的な差は過去の競争が原因とは限らない。過去にもっと多くの種が存在していたが、互いにあまり競争することがなかった種だけが生存する場合や、まったく独立にそれぞれの形態を獲得したために、過去から現在まで競争したことがない場合である。たとえば、サラセニア・ミノール・オケフェノケーエンシスの進化を考えるときに、サラセニア・ミノールやほかの食虫植物との競争を考えずとも、単純に新たに進出した環境でアリ科が少なかったために、背の高い捕虫器が進化したのかもしれない。[184]

食虫植物の種間での相利共生？

これまで議論した食虫植物間の競争とは対照的に、二〇一八年にはウツボカズラ属の二種、ネペンテス・ラフレシアナとネペンテス・グラシリスの相利共生的な効果も明らかになった。[186]これら二種は互いに獲物の重複が少ない。そして、近くにネペンテス・ラフレシアナの捕虫器があるとネペンテス・グラシリスは捕らえる獲物の数が増加する。その一方で、ネペンテス・グラシリスは同種の捕虫器が多数存在すると、捕らえる獲物の数が減少する。これらの結果は、ネペンテス・グラシリスは種間競争よりも種内競争のほうが激しいということを示している。ネペンテス・ラフレシアナ側のネペンテス・グラシリスからの影響は調べられていないが、このような獲物の重複が少ない状況や種内競争のほうが激しい状況が複数種のウツボカズラ属の共存を可能にする要因かもしれない。

食虫植物の競争に関する研究のこれから

では、食虫植物同士は獲物をめぐって競争していないのかと問われれば、それはいまだにわからないと答えるのが、もっとも慎重な対応といえるだろう。そもそも、食虫植物の獲物をめぐる競争に関する研究が少ないのが現状である。本節の後半では、種間競争を取り上げたが、種内競争を取り上げた研究はほとんど存在しない。また、形態が似通った食虫植物間の競争を取り扱った研究もない。もちろん、生育地の獲物の豊富さと食虫植物の個体数の関係性やこれらの要素を操作した研究もいまだ存在しない。

したがって、次のようなことをこれから研究していくことが期待される。獲物相の似通った食虫植物が共存する生育地の場合は、これらの獲物相や競争の程度を明らかにする必要がある。そのような生育地がない場合は、獲物相の似た食虫植物を移植する実験が有効な手段であろう。また、単一の食虫植物の数を操作する実験も有効である。個体数が多くなることで、個体の生育量にどれくらい影響を及ぼすかを明らかにする必要がある。私の個人的観察であるが、食虫植物の群落では多くの場合、個体の密度が決して高くはなく、新たな個体が生育できる空間がある。空間的には余裕があるのに、これ以上の個体が存在しないのは、獲物の数によって個体数が制限されているのかもしれない。逆に、生育地の獲物数と食虫植物の個体数の関係を明らかにすることも重要な研究であろう。獲物数が食虫植物の個体数を制限しているならば、生育地の獲物数が多くなれば食虫植物の個体数が増えることが期待される。

雑種の相互作用

前述しているようにウツボカズラ属は、捕らえる獲物に応じて罠を特殊化させている。このような特殊化は通常、特殊化している種間で長期にわたり互いに交配して子孫が生まれてこなかったからこそ、生じるものである。一方で、ウツボカズラ属ではしばしば雑種が生じる。この雑種と親種間との獲物を介した相互作用は、それ自体が興味深い事項であると同時に、特殊化の重要性を強調してくれる。

ペンとクラーク[187]は、ウツボカズラ属の雑種とその親種が共存している生育地において、雑種の形態と獲物数を調査した。これらの雑種の親種は、それぞれ異なる特殊化を遂げている。まず、雑種は親種の中間的な形態であった。獲物相も雑種と親種では重複する部分があるようだ。では、獲物数はどうなるかというと、雑種では親種以下の獲物数であった。すなわち、この点で雑種は獲物をめぐる競争では両親と比較して優れていないと推定される。これは、それぞれの親種で各獲物に対して特殊化してきた捕虫器が、雑種ではその特殊化が崩れて中間的なものとなってしまったために、どんな獲物に対しても中途半端な有効性しか持たず、結果として捕らえられる獲物数は少なくなってしまったのだと考えられる。[187] ただし、この場合も親種と雑種が獲物を奪い合わなければならないほど、枯渇しているかは不明である。しかしながら、もし獲物数が不足気味である場合は、獲物を捕らえる効率が低いという負の効果が顕著になると推定される。

食虫植物と非食虫植物との相互作用

食虫植物が獲物として利用している蟲は、一方で周りの非食虫植物にとっては送粉者の役割を担っているかもしれない。このような状況のとき、食虫植物と非食虫植物の関係はどうなるだろうか。食虫植物の獲物としての利用と、非食虫植物の送粉者としての利用は、蟲群集に与える影響が異なっている。獲物としての利用では、蟲は食虫植物に捕獲されて消費されるので、蟲が蟲群集に戻ることはない。一方で、送粉者として利用される場合、通常は送粉の役割を終えれば、蟲はまた蟲群集に戻ることになる。したがって、食虫植物は非食虫植物にとっての送粉者を消費していくが、非食虫植物は食虫植物にとっての獲物を基本的には消費しない。

ほかにも考慮するべき点として、食虫植物の罠と非食虫植物の花のどちらがより蟲を誘引する力があるかである。もし、食虫植物の誘引力が非食虫植物よりも強い場合、非食虫植物は送粉者を消費されて負の影響を被るだろう。一方で、非食虫植物の誘引力が食虫植物よりも強い場合でも、送粉の役割を終えた一部の蟲が、食虫植物に消費されるかもしれない。第3章で紹介したように、食虫植物はある程度の〝飢餓〟に耐えられるので、強い負の影響を被ることはないかもしれない。しかし、非食虫植物の誘引力が食虫植物よりも非常に強い場合は、蟲が群集内で罠にも、送粉にも関与していない時間を減らすと考えられ、食虫植物に負の影響をもたらす可能性がある。

このような食虫植物と非食虫植物の蟲をめぐる相互作用に関する研究は多くないが、その一端が垣間見える研究を紹介する。田川ら[170]は、ナガバノイシモチソウの獲物捕獲数とその周りの花を咲かせた非食虫植物の存在の影響を定量化した。その結果、獲物の捕獲数は、花を咲かせた非食虫植物がそばに存在することで増加した。これは、非食虫植物に誘引された送粉者が、ナガバノイシモチソウに獲物として利用されたため起こった現象であると考えられる。この現象はナガバノイシモチソウに利益をもたらす一方、ほかの植物に対する影響は不明である。しかし、おそらく正の効果はないだろう。この関係は、ここまで考察してきた互いにとって負の関係というよりも、片方が得をする関係といえるだろう。

また、直接的に検証した研究ではないが、フランクリンら[188]が興味深い考察をしている。彼らはイギリスの湿地に外来種として侵入したサラセニア・プルプレアの影響を調査した。その結果、サラセニア・プルプレアは在来のマルハナバチ属を獲物として利用していることが明らかになったが、幸い希少種は利用していなかったらしい。論文中で、フランクリンらはイギリスの湿地において、サラセニア・プルプレアはむしろマルハナバチに正の効果をもたらすのではないかと考察している。というのも、花粉を摂食したり、吸蜜したりと、ハチにとって送粉は植物に利用されるだけの相互作用ではない。またサラセニア・プルプレアの捕虫効率は低いので、マルハナバチにとってサラセニア・プルプレアとの相互作用は送粉などの正の効果が中心ではないかと考えているようだ。サラセニア・プルプレアが侵入したイギリスの湿地には、送粉者を誘引できるような植物が湿地の外と比較して少ないことも、マルハナバチにとってサラセニア・プルプレアの価値を高める要因ともなっていると考えられる。[188] また、サラセニア・プルプレアが高密度になるほどマルハナバチがよく誘引されることも考慮すると、[188] さらに進んだ考察ができそうだ。ここからは私の想像だが、これらが正しいのであれば、サラセニア・プルプレアは湿地のほかの植物に送粉者を呼び寄せる機会を提供しているかもしれない。

＊　＊　＊

本章において、食虫植物と蟲の多面的な関わりを紹介した。食虫植物の性質として、蟲は獲物としての側面が非常に大きい。食虫植物は種類によって各種の獲物を捕獲し、養分として利用する。それは第3章で述べたように、食虫植物が貧栄養な土地で生育するために必要なことである。

しかしながら、食虫植物は蟲に対して必ずしも捕食者としての立場をとるのではない。あるときはほかの植物と同じく花を咲かせる顕花植物として、あるときは相利共生者のパートナーとして、そしてあるときは競争者や被食者、宿主として存在している。また、食虫植物それ自身が場として利用され、上記の関係が絡み合った多様な相互関係が形成されている（**図4-6**）。

そういった複雑な相互作用には、獲物に攻撃して捕虫を手助けし、捕食者や寄生者を攻撃し

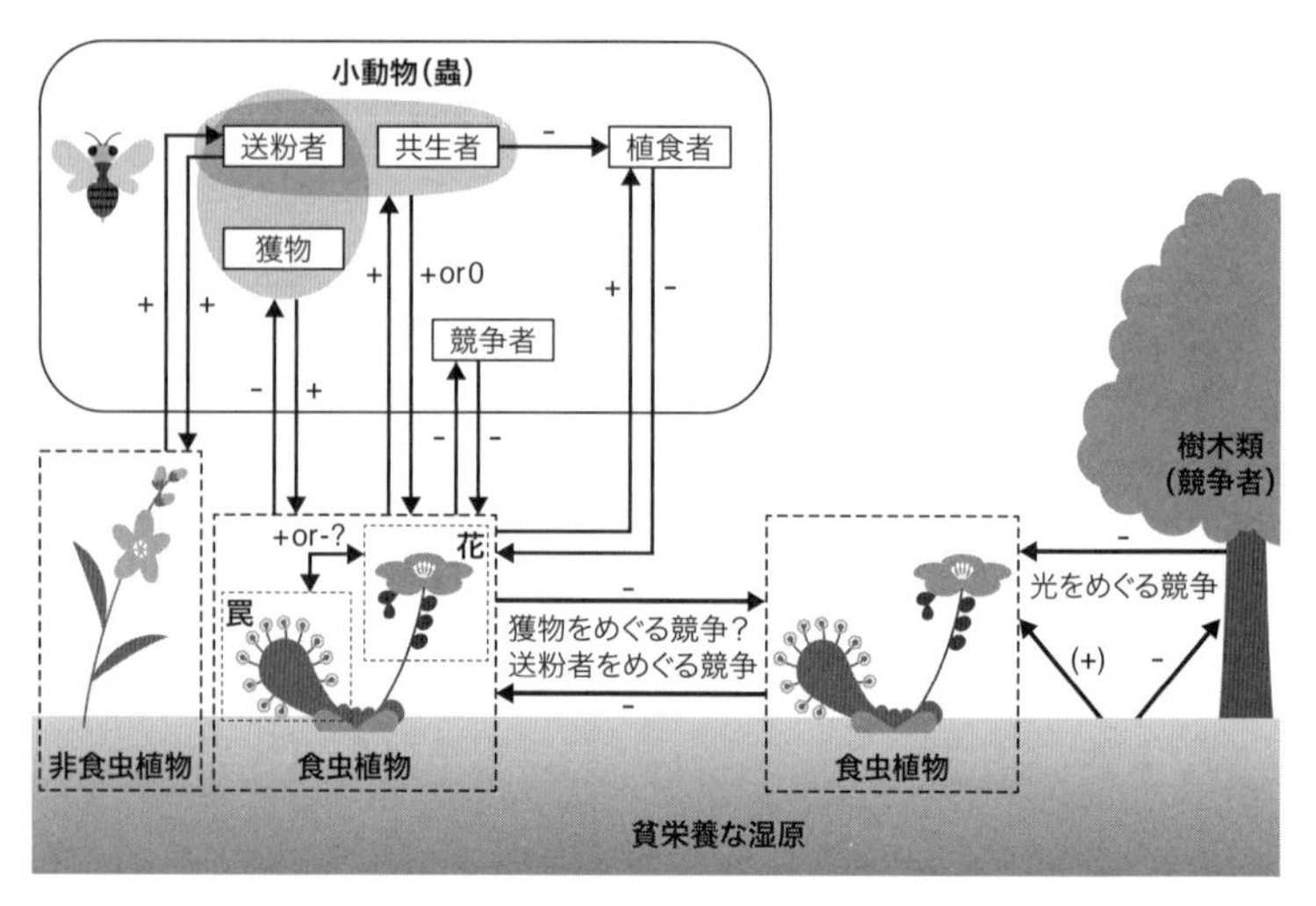

図 4－6　食虫植物が関わる相互作用の一例。第 3 章の環境との相互作用も含めてまとめたもの。小動物で示された部分の網掛けのグループは、ときとして同一種が含まれることを示す。＋、－、 0 はそれぞれ正、負、効果なしを示す。

て宿主の防衛を行うネペンテス・ビカルカラタとアリの関係や、ロリドゥラ属と獲物を分解するカメムシと、裏切り者として振る舞うクモの関係がある。相利共生ではなく、ウツボカズラ内の寄生者を餌とする片利共生者も存在する。また、同一の生物であってもその立場は変わりえる。たとえば、送粉者が食虫植物の捕虫葉に獲物として捕らえられることや、ネズミのような排泄物を与える共生者がネペンテス・ラヤのような巨大なウツボカズラに（頻度は高くないであろうが）捕らえられることがある。

食虫植物には、食虫性を介したほかの植物には見られない関係性が存在する。現在、その関係性のひとつひとつが解明されようとしているが、まだまだ明らかでないことが多い。少し〝目を凝らして〟見れば、思いもよらない関係性が見えてきて面白いかもしれない。

コラム5

送粉者と獲物の対立

「送粉者と獲物の対立（pollinator-prey conflict）」[151]もしくは「送粉者／獲物の逆説（pollinator/prey paradox）」[10]とは、送粉者となる蟲と獲物となる蟲が重複するとき、食虫植物は蟲をどちらの役割で利用するべきかの対立である。これは蟲を獲物として捕獲する食虫植物ならではの問題である。次のようなときにこの「送粉者と獲物の対立」が生じる。

1. 食虫植物が送粉者に繁殖を依存している
2. 送粉者と獲物が重複している
3. 花粉や送粉者による制限があるために送粉成功が制限される

つまり、食虫植物が蟲を送粉者としても獲物としても利用し、かつ食虫植物は（資源が有限であることから）無限に花粉をつくることができない、もしくは送粉者も無限にいるわけではない状況で対立が生じる。[151]この状況下において、獲物から得られる養分と有性繁殖への利益の間でトレードオフが生じる。すなわち、蟲（獲物かつ送粉者）を捕まえると、養分の利益が得

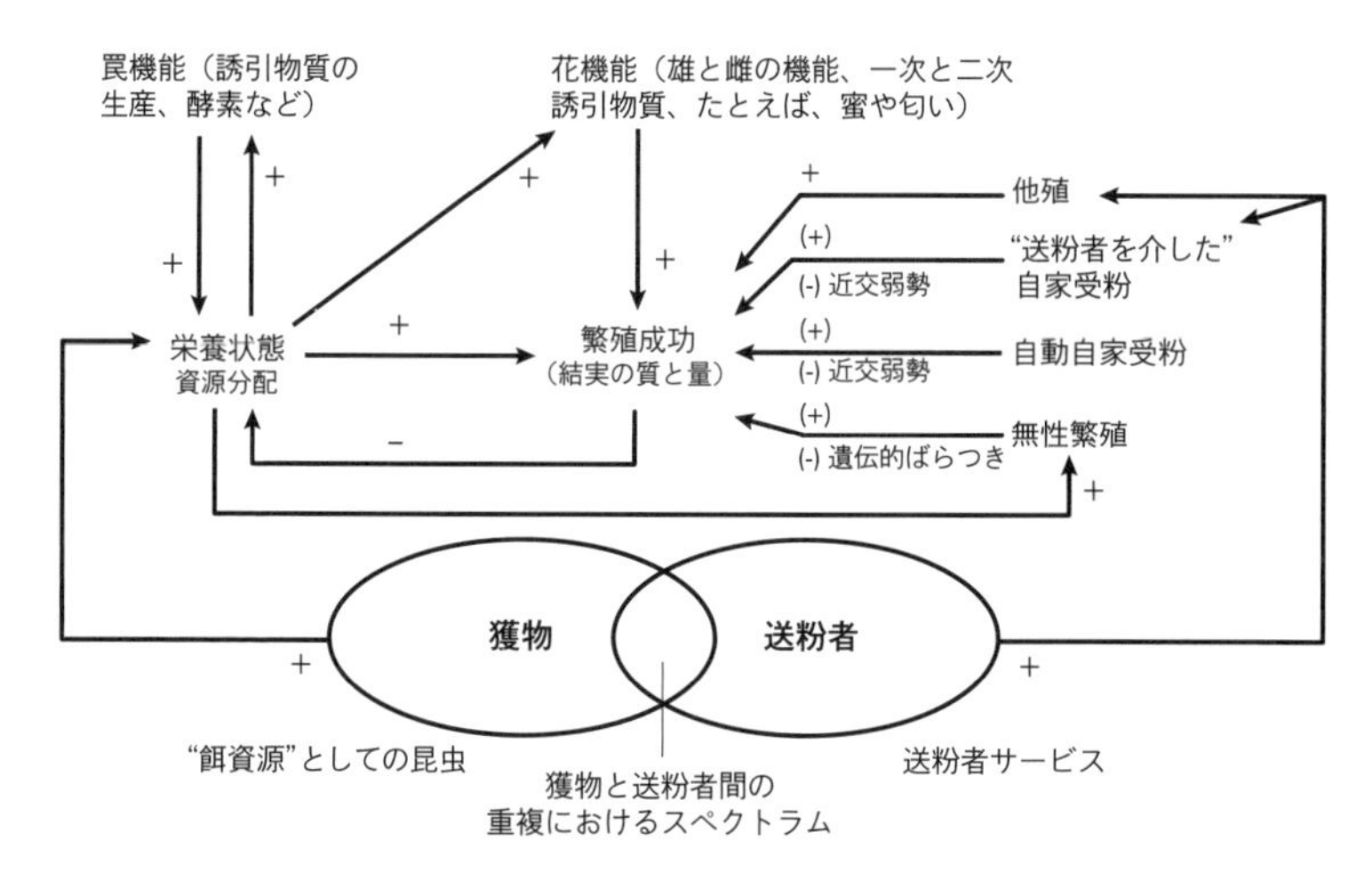

図 4-7　送粉者と獲物の対立の模式図。＋、－はそれぞれ正負の効果を示す。文献 151 より作成、改変。

られるが、送粉者を捕まえることで有性繁殖への負の影響が生じる。また、逆に送粉者を捕まえないことで有性繁殖への正の影響が生じるが、獲物から養分を得られず損失となる[151]（**図 4-7**）。

ところで、食虫植物は多年生種と一年生種が存在する。多年生種は獲物の捕獲により将来の成長への養分の投資が増加し、それは送粉者と獲物の対立の影響を小さくするかもしれない。[90] 一方、一年生種では送粉者と獲物の対立の影響はより深刻かもしれない。[90]

この対立を議論することで、食虫植物の食虫性と送粉に関する進化の流れを考えることができる。この対立を避けるためには大きく分けて次のふたつの方法が考えられる。

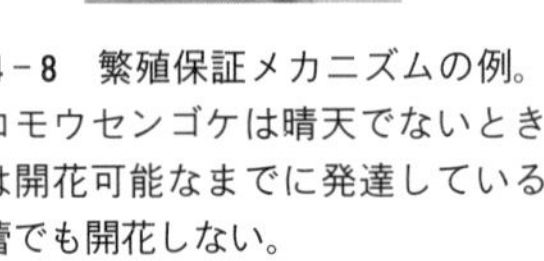

図4－8　繁殖保証メカニズムの例。コモウセンゴケは晴天でないときは開花可能なまでに発達している蕾でも開花しない。

1．送粉者に依存しない繁殖保証メカニズムを有する

繁殖保証メカニズムは、送粉者がいなくても自動的に花内で受粉し種子生産をすることができる能力（自動的自殖）である。自殖を行うことは送粉者の捕獲のリスクをなくすだけではなく、色素、蜜、花粉の生産を減じさせ、それは貧栄養な環境に生育する食虫植物にとって利益になりうる。しかし、自殖は近交弱勢といった危険性をはらんでいる。[151] 近交弱勢のような負の影響を軽減するために、繁殖保証メカニズムを持つ食虫植物でも、常に自動的自殖をするのではなく、条件依存的に自動的自殖を行うと考えられる（図4－8）。

2．送粉者と獲物の重複を減らす：送粉者と獲物を特殊化させる

送粉者と獲物の特殊化は、罠にかける蟲と花にきてもらう蟲を時間的、空間的、誘引機構の差異によって分ける（図4－9）。開花による他殖にコストを払うぶん、繁殖保証メカニズムと異なり自殖によるリスクは小さいと考えられる。[151] 具体的には、開花と罠の展開の時期をずらす（サラセニア・アラタなど）、花茎を伸ばして罠から離したり（コモウセンゴケやムシトリ

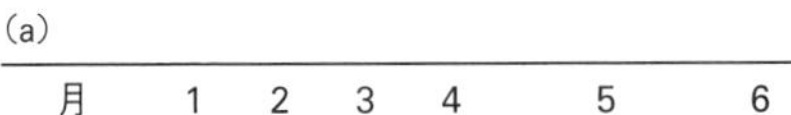

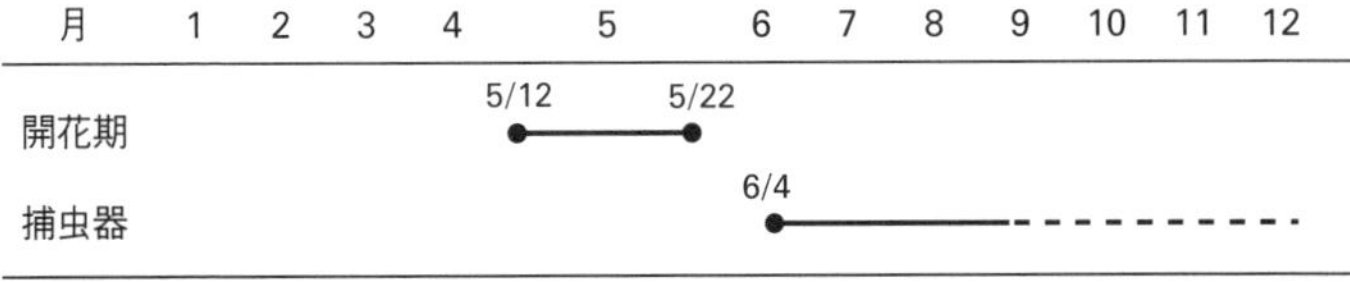

図4−9 捕虫器と花が時空間的に離れている例。(a) サラセニア・レウコフィラは捕虫葉を展開する前に開花する(時間的隔離)。2014年京都市におけるデータ。開花期は、開花から花弁が落ちるまで。捕虫器の機能の開始は、最初の捕虫器が開いてからはじまる。冬に向かうにつれ、捕虫器は展葉しなくなり、枯れていく。(b) ピングィクラ・エッセリアナや(c) コモウセンゴケはロゼットになった捕虫器に対して花茎を高くあげ、(d) ウトリクラリア・サンダーソニーは地下や水中に捕虫器をつけ花は空中に展開する(空間的隔離)。

スミレなど)、花と罠の展開する場所を変える(タヌキモ属)、花と罠で違う匂いを出す、などである。

「送粉者と獲物の対立」に関する研究は、食虫植物において興味深い観点である。たとえば、モウセンゴケ属のいくつかの種類でも送粉者と獲物の重複が少ないことが知られる[189,190]。その一方で、ザモラ[191]が示したように、ムシトリスミレ属のピングィクラ・ヴァリスネリーフォリアでは、送粉者と獲物が重複しており、花があることで捕獲される送粉者の数が増える。ジャーゲンスら[151]のレビュー内で何度も言及されているが、このような送粉者と獲物の対立に関する研究は少ない。それに加えて検証の難しさがあり、研究はまだ進んでいないところが多い[151]。さらに、現在送粉者と獲物が分かれていることは、必ずしも「送粉者と獲物の対立」から生じた結果ではないかもしれない。ホーナー[172]の研究のように、そもそも送粉者と獲物が重複していなければ「送粉者と獲物の対立」は生じえず、サラセニア・アラタの開花期が早いことは別の選択圧が十分に考えられうる。開花茎が高く伸びることや自動自家受粉も同様に、別の選択圧が働いている可能性を消しきれない。開花茎が高く伸びることは、花がよく目立つようになるので、送粉者を呼び寄せやすくするという効果がある[192]。攪乱地（第3章参照）のように、一個体だけしか近隣に同種の植物がいない場合、自動自家受粉は有利な戦略である。食虫植物の生育地は高山の強い日射を浴びる環境である。このような環境では、葉に赤色の色素を蓄積することで、紫外線から身を守る。このように罠が赤色になることも別の要因で説明できる可能性がある。ジャーゲンスら[151]のいうように、これからさらなる検証が待たれる。

第5章

食虫植物はどのように進化したか

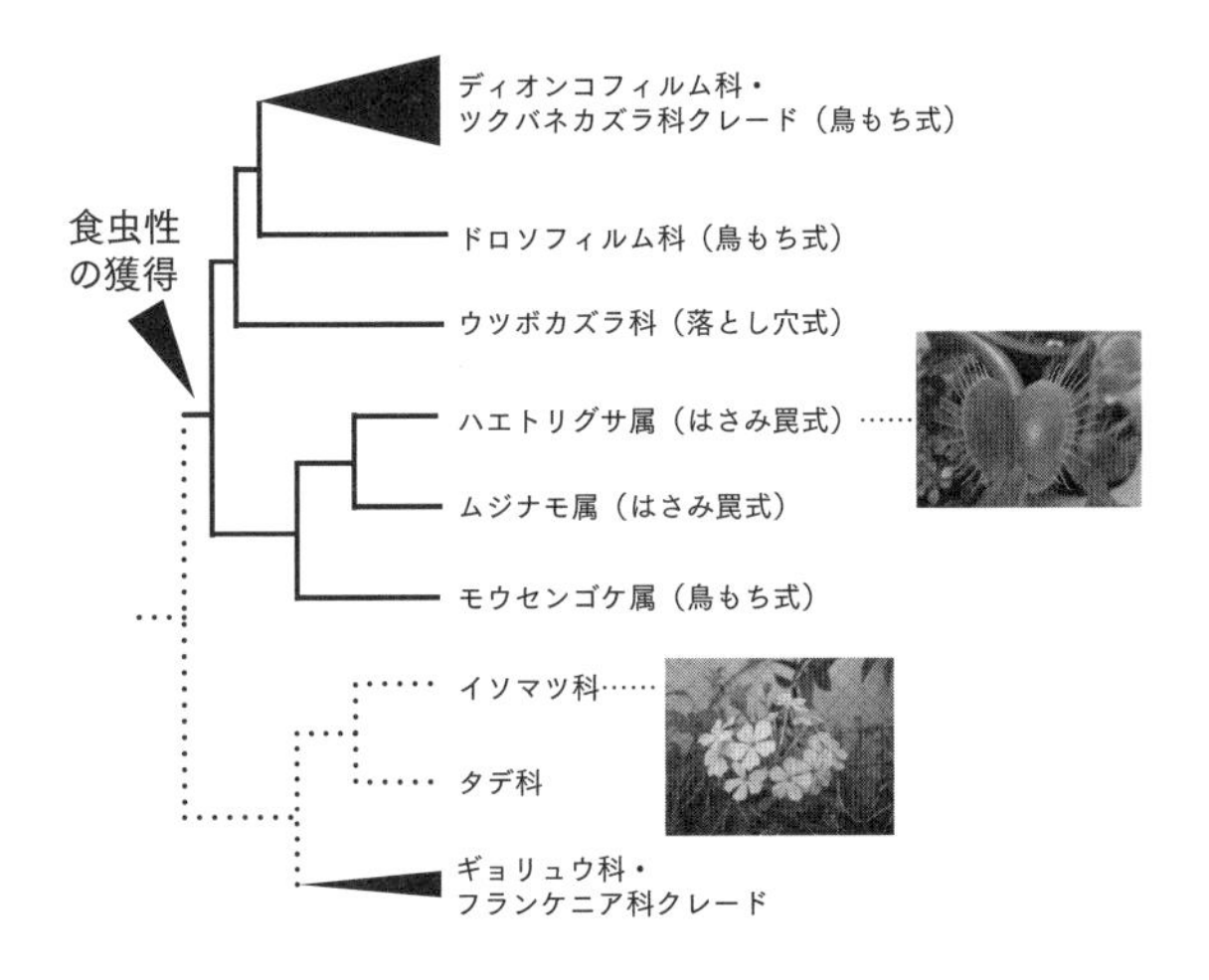

ナデシコ目の食虫植物クレード。外群には非食虫植物のイソマツ科、タデ科などが位置する。普通の植物と食虫植物はあまりに深い溝で寸断されているかとさえ思える。食虫植物はどのようにして進化してきたのだろうか。

食虫植物に対する大きな疑問のひとつは「いかにして食虫植物は〝普通〟の植物から進化したのか」であろう。第2章で見たように捕虫器のつくりはきわめて精巧で、一見すれば、普通の食虫植物ではない植物のなかにその起源を見いだすことはできない。食虫植物の進化はいまだに議論がつづき、そして未解決である。

過去の植物の進化をたどる方法として化石があるが、食虫植物の化石証拠は少ない。したがって、普通の植物から食虫植物までの進化の流れを類推できるほどの証拠はないのが実情だ。しかしながら、近年、食虫植物の化石に関していくつかの進展があったので、5・1節では化石証拠のいくつかのトピックを紹介する。

では、化石以外の方法で食虫植物の進化を類推できないであろうか。そこで、5・2節の話でキーになるのは第1章で登場した原始食虫植物や捕殺植物である。形態的に食虫植物と似通った形質を持つ植物群を観察することで、普通の植物と食虫植物のギャップを埋めることを試みる。5・3節では食虫性の喪失を取り扱う。食虫性を失った食虫植物や食虫性の程度が低くなる条件から、食虫性がいかなる選択圧で進化してきたかを考察する。そして、5・4節では分子系統的なアプローチから食虫植物の進化に迫る。化石証拠が少ない一方で、近年の分子系統的手法などによりその進化の過程は明かされつつある。

5・1　化石証拠

植物の形態進化をたどる強力な手法、それは化石証拠である。しかし、食虫植物はその生育環境と柔らかい体構造のため化石として残りにくく、食虫植物の草姿の化石や食虫植物と非食虫植物の中間型の化石は、いまのところほとんど見つかっていない。

見つかっている化石の例を**表5－1**に掲げた。食虫植物に関する化石の多くは、植物のなかでも硬い構造である花粉か種子である。一部の化石については、化石報告後の研究で食虫植物ではないと否定されているものも存在する。化石証拠に関して苦しい状況にありながらも、二〇一五年に注目するべき化石が発表された。琥珀に封じられたロリドゥラ科の葉の化石が、ロシアで見つかったのである。[193] この化石は、捕虫葉の形を残した初の化石であり、その形態からロリドゥラ科に類縁関係があることに疑いの余地がない。[194] この琥珀の産地がロシアで、現在のロリドゥラの分布が南アフリカのケープ地域に限定されていることを考慮すると、このロリドゥラ科はかつて広範に分布していたと推定される。[194]

化石証拠はまだまだ少ないが、最後に紹介したロリドゥラ科のような事例もある。今後も、さまざまな化石証拠が発見されることが期待される。

表 5-1　食虫植物で見つかっている化石の一例

学名	科名	部位	出土年代*	引用文献	備考
Droserapites clavatus	モウセンゴケ科	花粉	中新世	Huang, 1978	—
Droserapollis gemmatus	モウセンゴケ科	花粉	中新世	Huang, 1978	—
Aldrovanda spp.	モウセンゴケ科	花粉・種子	暁新世～更新世	Degreef, 1997	化石の記載論文ではない。
Palaeoaldrovanda splendens	モウセンゴケ科	種子	白亜紀後期	Degreef, 1997	化石の記載論文ではない。Heřmanová and Kvaček (2010) によって節足動物の卵であると推定。
Saxonipollis saxonicus	モウセンゴケ科	花粉	始新世	Degreef, 1997	化石の記載論文ではない。
Droseridites spinosus	ウツボカズラ科	花粉	第三紀、中新世	Meimberg et al., 2001	化石の記載論文ではない。
ビブリス科の一種	ビブリス科	種子	始新世	Conran and Christophel, 2004	—
Archaeamphora longicervia	サラセニア科？	葉	白亜紀前期	Li, 2005	Wong et al. (2015) によって裸子植物に生じた虫こぶであると推定。
ロリドゥラ科の一種	ロリドゥラ科	葉	始新世	Sadowski et al., 2015	—

*　各年代のおおむねの区分は以下のとおり。
白亜紀：1 億 4500 万年前～6600 万年前
暁新世：6600 万年前～5600 万年前
始新世：5600 万年前～3390 万年前
漸新世：3390 万年前～2300 万年前
中新世：2300 万年前～500 万年前
鮮新世：500 万年前～258 万年前
（暁新世～鮮新世：第三紀）
更新世：258 万年前～ 1 万年前
文献 193、235～241 を参考に作成。

5・2　食虫性の獲得

食虫植物と非食虫植物の隔たりは大きい。それは、食虫性という性質が特異的であるという意味のほかにも、5・5節で紹介するように系統的な隔たりも大きいのである。多くの食虫植物は科レベルもしくは属レベルで食虫性を有しているものが多く、非食虫性の近縁種が存在しない。系統が離れすぎてしまうと、比較の際に解釈が難しい場合がある。そういう意味でいえば、本節で紹介するように、ギヴニッシュら[6]が食虫植物の進化の考察の材料としたブロッキニア・レドゥクタは、近縁種が非食虫性であるという点でよいモデルケースであったといえる。近縁種を用いた比較は5・3節に譲り、本節ではもっと広い視点で「食虫性の獲得」について考える。ここで登場するのは、原始食虫植物と捕殺植物である。

原始食虫植物および捕殺植物は、第1章で登場した定義の五つの要素に関していくつか（分解、吸収および養分の活用能力のいずれか。第1章参照）を有していない植物である。しかし、見方によってはこれらの植物が普通の植物から食虫植物に進化する過程の途中経過を示している、とも考えられる。食虫性シンドローム、つまり誘引能力ならば蜜や色、匂い、捕獲能力ならば筒型の葉や粘液分泌腺、分解能力なら消化酵素、吸収・活用能力ならクチクラ間隙や細胞のトランスポーターなど（**表2－1**も参照）を食虫植物と非食虫植物で比較することで、進化の過程を類推してみよう。

食虫性の由来は何か？

・誘引能力

誘引能力は多くの植物に備わる能力である。それが顕著なのは花である。花は送粉者を呼ぶために匂いを出し、花色を目立つようにし、報酬として蜜を出す。これらの特徴から捕虫器は花の擬態であるとさえいわれる。[90] それ以外でも、植物はあらゆる形で虫を呼んでいる。これら形質が花ではなく葉で発現することで、誘引能力は獲得されたのかもしれない。実際、ハエトリグサを用いた解析で、蜜が出ていると考えられる捕虫器の縁の遺伝子発現解析が行われた。[195] その結果、匂いや二次代謝産物の合成に関連する遺伝子とともに、糖輸送関連遺伝子が検出された。この遺伝子は、通常の植物では花において送粉者に蜜の報酬を出すのに関与する遺伝子である。また、フクロユキノシタを用いた解析では、捕虫器特異的にデンプンやスクロースの代謝関連遺伝子が検出されている。[196] こちらもハエトリグサと同様に、もともとは送粉者の誘引のために用いられていた遺伝子だったのかもしれない。

・捕獲能力

獲物を捕獲するためには葉を特別な構造にしなければならない。たとえば葉を筒型にして落とし穴や吸い込み罠、迷路のようにしたり、粘着物質を生産して鳥もちをつくったり、素早く動ける機構を獲得してはさみ罠にしたりしなければ、獲物を捕らえることはできない。捕獲能力の由来について、形態比較によるいくつかの示唆的な事例を紹介しよう。なお、はさみ罠の進化については、5・4節で詳細に述べる。

鳥もち：食害者からの防御のための形質

粘着物質を分泌する植物は数多く存在する。そしてその多くは自分の身を守るために、粘液を分泌して捕食者を妨害している[197]。それでは、粘液分泌腺は何に由来するのであろうか。この点に関して、ラダマニら[26]のクサトケイソウにおける粘液腺を有する苞（ほう）の役割についての報告がある。その報告によれば、苞は食害からの防御と食虫機能のふたつの役割がある。一方で、同属のクダモノトケイソウの苞には蜜腺がある。クダモノトケイソウの蜜腺からは蜜液が分泌されており、アリがなめにくる様子が見られる（**口絵⑪**）。それぞれの腺がある場所から、クダモノトケイソウの蜜腺とクサトケイソウの粘液腺は相同であろうと考えられる。トケイソウ属以外の植物で、蜜腺から分泌した蜜液に微生物繁殖を抑えるための消化酵素が含まれていることや[198]、分泌された蜜液が再吸収される事例が知られている[199]。この現象は、鳥もち式の罠とよく似ている。もとは別の機能の分泌腺（防御や蜜分泌）であったものが捕虫機能を有するようになったのかもしれない。実際、アルカラら[30]は食虫植物であるピングィクラ・モラネンシスの腺毛には、クサトケイソウと同じく捕虫の機能以外に、防御形質としての側面があることを明らかにした。後述するように、この防御としての側面が、食虫植物への進化への敷居を下げた可能性がある。

たとえば、モウセンゴケ科では近縁の科にイソマツ科（原始食虫植物のルリマツリ属が属する）が存在し、萼（がく）に消化酵素を分泌する腺毛を有する（そして、これはおそらく防御形質）。これからは遺伝的な手法を用いることでも、その起源を探ることができるようになるであろう。さきほどのモウセンゴケ科とイソマツ科の腺毛の形成に関わる遺伝子を調べることで、ヒントが得られるかもしれない。

落とし穴／吸い込み罠／迷路：漏斗型の突然変異葉と水を溜める草型

葉といえば、光合成効率を高めるために平面的になっていることが一般的である。ウツボカズラ属の落とし穴やタヌキモ属の吸い込み罠、そしてゲンリセア属の迷路のような漏斗型、筒型といった複雑な構造を普通の植物の葉がとることはあるのであろうか。たとえば、オオバコ科のヘラオオバコやクワ科のベンガルボダイジュには、漏斗型の葉をつける変異が存在する。[2,10] トウダイグサ科のクロトンは薄く広がった葉基部と細い蔓状の主脈、その先に漏斗型となった葉という、まるでウツボカズラのような葉を形成する。[10,200] モウセンゴケ属のなかには、釣鐘状の捕虫葉をつける種が存在する。ムシトリスミレ属のピングィクラ・アグナタやピングィクラ・

ウトリクラリオイデスは、それぞれ漏斗型や袋状になった葉をつけることがある。[2] これらのように、葉が漏斗型や筒型になる変異が食虫植物の祖先系統でも起こったのなら、落とし穴や吸い込み罠、迷路の捕虫器の説明がつくかもしれない。

もう一点注目したいのは、タヌキモ科では鳥もち式のムシトリスミレ属がタヌキモ属・ゲンリセア属クレードに対して外群となり、ナデシコ目では鳥もち式が多いモウセンゴケ科、鳥もち式のドロソフィルム科およびディオンコフィルム科に囲まれる形で落とし穴式のウツボカズラ科が存在する（**図5－6**参照）。ここから予測されるのは、ウツボカズラ属やタヌキモ属、ゲンリセア属の有する落とし穴式や吸い込み罠式、迷路式はいずれも鳥もち式から変化してきたということである。加えて、モウセンゴケ属のなかに釣鐘状の葉をつける種がいることや、ムシトリスミレ属のなかに漏斗型や袋状になった葉をつける種がいることは、興味深い事実である。もしかしたら、最初の落とし穴や吸い込み罠、筒状の迷路は粘液を葉のくぼみに溜めるものだったかもしれない。こうやって、最初の原始的な落とし穴が完成し、落とし穴が洗練されて、いまの形になった可能性がある。

また、食虫植物のなかで葉の重なりを利用して水を溜める種も存在する。ブロッキニア属、カトプシス属がそうであるが、こういった植物はもともとの体型が水を溜めるのに適していたから食虫植物に進化しえたのであろう。[201] ブロッキニア属やカトプシス属が属するアナナス科には、食虫植物ではないものの葉の重なりに水を溜める種が存在する。このような水を溜めるアナナス科は、タンクブロメリアと呼ばれる。雨水を効率よく受け止めて水を溜める体型は、乾燥への適応であると考えられている。

他方で、サラセニア属やフクロユキノシタ属の落とし穴は、上記のような漏斗型の葉をつける近縁種が存在しないため、形態進化の類推が難しいところである。サラセニア科は、マタタビ科や鳥もち式の食虫植物であるロリドゥラ科が近縁であるが、鳥もち式から落とし穴式の進化の流れが、ここでも適用できるかは不明である。

・分解能力

分解能力、すなわち消化酵素は何が由来となっているのか。近年、消化酵素の由来について、遺伝子レベルで解明が進みつつある。獲物を消化する酵素の遺伝子は、普通の植物では耐病性、すなわちカビやバクテリアの分解に関わる遺伝子である。[167、195、196、202、203] 食虫植物は耐病性遺伝子の酵素を消化酵素に転用していたのだ。さらに、普通の植物における食害からの防御応答とハエトリグサにおける捕獲から消化までの分子および遺伝子レベルでの反応経路の類似性も明らかになってきた。[204] たとえば、5・4節で紹介するように、ハエトリグサやその祖先形態と考えられるモウセンゴケ属は、罠の稼働にジャスモン酸類を利用する。このジャスモン酸類は普通の植物においては植物ホルモンとしての役割があり、傷害（食害）や病害を受けると合成される。そして、ジャスモン酸類を起点として、植物は植食性節足動物や病原菌に対抗するための種々の防御反応を起こす。[205] 以上のことから、獲物の捕獲から消化までの分子的な反応と消化に使う酵素は、食害および病害からの防御形質を利用したものであると考えられる。

また、ほかの生物との共生も考慮することで食虫植物の進化の道筋を紐解ける可能性もある。食虫植物のなかには、分解の一部、もしくはすべてを共生する生物に依存するものが存在する。植物を死んだ小動物の分解の場として微生物が利用していた場合は、その植物は分解能力を発達させずとも、比較的簡単に食虫植物になれるだろう。もしかしたら、現在消化酵素を有する食虫植物にも、微生物に分解を依存していた時期があったかもしれない。あるいは、はじめから食虫に関わる共生ではなくても、カスミカメムシのように宿主植物を自分の防衛の場（たとえば、モチツツジとモチツツジカスミカメの関係）として利用していた場合も、食虫植物への進化は容易になりえる。粘着性の植物（ロリドゥラ属、ビブリス属およびモチツツジなど）にカスミカメムシが共生しているのは、必ずしも偶然ではないかもしれない。

・吸収活用能力

吸収活用能力も、多くの植物に備わることが推測される。植物の多くは根から養分を吸収している。実際、タヌキモ属を用いた遺伝子発現解析において、普通の植物では根の発生や養分吸収に関与すると考えられる遺伝子が、捕虫器で発現していた。[202,206] ハエトリグサでも同様に、獲物からの養分吸収に関与すると考えられる遺伝子が、普通の植物では根において発現しているものであった。[195]

さらに葉からの養分吸収は農業の現場で利用されており、液肥を葉にかけると植物の成長がよくなることが知られている。食虫植物においても、捕虫器内部で死んだ獲物から遊離した窒素やリンを吸収することに変わりなく、葉に液肥をかける場合と状況は似ている。はじめは特殊化した吸収腺を持つ必要はないのかもしれない。たとえば、ロリドゥラ属は吸収腺ではなく、クチクラの間隙が養分吸収の入口になっていると考えられている。[18]

ティランジア属のようなアナナス科の着生植物は、根は貧弱で、ほとんど体を基質に固着させるためだけに存在している。水分や養分は葉から吸収するようになっている。これらの植物の葉面からの水分吸収や養分吸収、そして葉間の貯水能力は、空気に舞い上がる無機栄養分を雨水とともに吸収する、乾燥と貧栄養への適応であると考えられる。したがって、ティランジア属は食虫植物と水分環境は違えども、貧弱な根、貧栄養環境、葉からの養分吸収などいくつかの類似点が見られる。葉からの養分吸収能力を有することは、単子葉類唯一の食虫植物であるブロッキニア属やカトプシス属の進化を駆動したかもしれない。

また、分泌に働く腺は簡単に吸収の役割に転じる。[207] そうだとすると、粘液分泌のような防御形質の獲得は食虫性の獲得の敷居を下げるのかもしれない。

食虫植物の進化の仮説：前適応の組み合わせ

食虫性に関わる五つの能力、いずれの形質も、もともとは異なる機能を有していたと思われる。蜜も色も匂いも、虫を誘ったとしても捕まえるためではなく、たとえば、送粉をしてもらうためのシグナルや報酬であった可能性もある。粘液腺は食害からの防御のため、貯水機能は乾燥から身を守るために使っていたようにも見える。消化酵素は病原菌を分解して、身を守るために使っていたのであろう。もしかしたら、共生する生物の存在も食虫性に寄与したかもしれない。葉面の吸収能力も獲物から直接養分を取るためではなく、空気中を舞う栄養塩を吸収するという側面が強かったのではないだろうか。仮に食虫性に関わる形質が、もともと別の機能を有していたことが事実ならば、過去に別の機能を有していた形質が現在の機能に転用されるようなことを前適応という[208]。

多様な性質を有し、かつ食虫植物が存在するアナナス科は、食虫植物への進化を類推するのによい材料である。アナナス科は特徴的な性質を持つものが多い。葉が鮮やかな色になり誘引効果を持つと思われる種や葉が重なって水を溜められる種、タンパク質分解酵素を持つ種、葉からの養分吸収に依存して生活する種が存在する。初期の食虫植物は、たとえば、「タンクブロメリアのような植物」だったのかもしれない。着生性のタンクブロメリアは根からではなく、空気中を舞う栄養塩を葉から吸収する。そのような種類のなかから、獲物を誘引したり、捕獲能力を向上させたり、分解酵素の分泌もしくは水溜まりが微生物による分解の場として利用されたりすることで、食虫植物へ進化した可能性がある。

貧栄養な土地では無機栄養が制限されているため、タンパク質やリン酸を豊富に含む葉や芽の防御に、コストを払う価値があるだろう。たとえば、貧栄養な土地で粘液を分泌して葉や芽を防御する植物が、食虫植物の起源である可能性がある。[30] 粘液を分泌する防御形質を持った植物のなかで、粘液に捕らえられて死んだ生物を分解でき、その分解産物を吸収できる個体は、貧栄養な土地ではより有利になるであろう。あるいは、死体に取りついた微生物や、死体を餌とする小動物が分解を担っていたかもしれない。実際、植物の粘液に捕らえられた小動物を利用する捕食者が存在することで、植物の間接的防御が高められて適応度が上昇する例がある。[197] このような捕食者の存在が、食虫植物への進化のきっかけになったかもしれない。もしくは雑菌の繁殖を抑えるために、消化酵素を分泌する個体が有利となった可能性もあるだろう。[162,203] 上記のような、防御のために粘液を出す植物が、〝都合よく〟消化酵素を出すようになることは突拍子もない話ではない。なぜなら、そもそも防御反応と食虫性は、分子レベルで見れば類似性の高い現象だからである（**図5–1**[204]）。とくに二〇一〇年代から、食虫植物を特徴づける進化の道筋や遺伝子について解析が進み、徐々にその内実が明らかになってきている。[209~215] もともと持っていた能力の利用方法を変えるだけなら、一から各種の能力を獲得するのに比べて難しいことではないだろう。

通常の植物と食虫植物の形態はあまりにかけ離れている。ゆえに、その中間的な形態を持つ

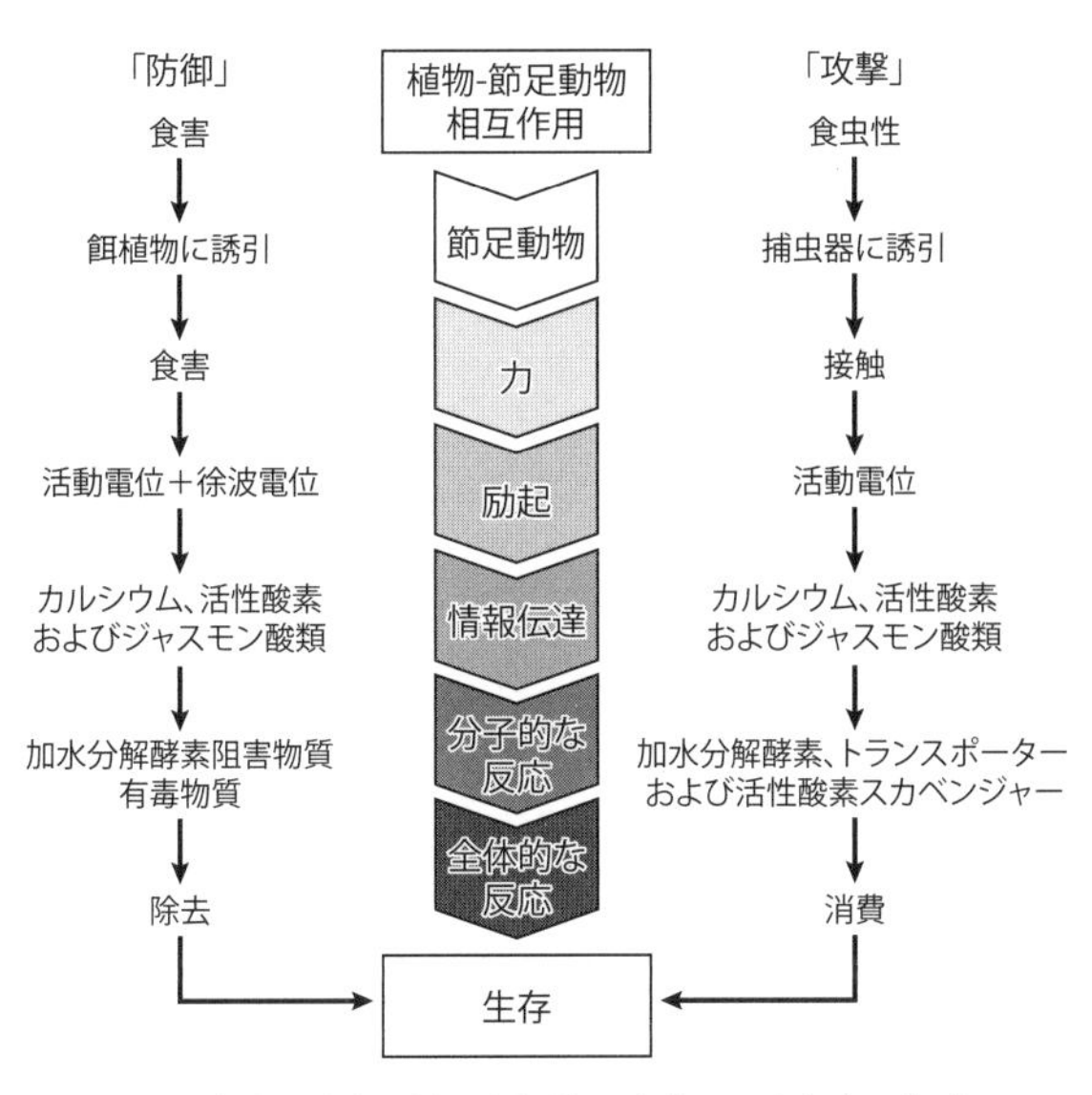

図５－１　食虫性と防御応答の類似性。文献 204 を参考に作成。

植物は、普通の植物として生きていくには余分なコストを支払っているし、食虫植物として生きていくには能力が乏しくて、どっちにしても生きていけないようにも思われる。しかし、生育地と防御形質、そして共生者の存在で食虫植物への進化は説明できうる。たとえ中途半端な食虫性であっても、前述した防御形質としての有利性によって補償されて、低下した光合成能力は生育地の豊富な光と水により補われたのかもしれない。

ただし、これは現在、食虫植物と似通った非食虫植物に見られる形質を挙げて、〝もっともらしい〟理由をつけているにすぎない。たとえば、アナナス科の食虫植物であるブロッキニア属やカトプシス属は、誘引能力がはっきりせず（黄緑色の色合いや白く光るワックスが効果を及ぼしているともされる）、プロテアーゼの分泌は確認されていない。食虫植物の進化の過程を明らかにするためには、食虫植物の起源となったであろう植物の化石を探すか、食虫性シンドロームを構成する形質についてのさらなる分子生物学的な解析が必要である。

5・3　食虫性の喪失

食虫植物のなかには、栄養条件や季節、生育段階に応じて食虫性を喪失するものが存在する。さらには、獲物を捕らえることをやめて、ほかの栄養源に依存するようになり、種として食虫性を失っているものもいる。

食虫性の獲得とは反対方向の事例をなぜ取り上げるのかといえば、5・2節でも述べたが、食虫性の獲得に注目する場合は系統的な隔たりの問題が厄介だからである。一方で、食虫性の喪失の場合は、一度食虫性を獲得した種群の一部が食虫性を失っており、近縁種間の比較が可能である。したがって、逆説的だが食虫性の喪失を議論することで、食虫植物がいかなる選択下で進化してきたか、そして食虫性がいかにコストのかかることなのかが考察できる。

(a) (b)

図5－2　食虫性を失ったウツボカズラ属。（a）ネペンテス・アンプラリアと（b）ネペンテス・ローウィー。（b）は京都府立植物園にて撮影。

栄養源のシフトによる食虫性の喪失

ギヴニッシュら[6]やベンジン[81]によれば、食虫性が進化するのは生育地が湿潤、強日射、リターが少なく、かつ貧栄養のときとしている。これはいくつかの例外が存在するが、食虫植物の生育地を考慮するとよく合致しているといえる（第3章参照）。一方で、上記の条件が揃わない生育地や生育条件では、食虫性のコストが利益を上回るために、食虫性が進化しないか、一度獲得した食虫性が喪失するように進化すると推察される。

進化的に食虫性を失った事例のひとつが4・2節で登場したネペンテス・ローウィーである。この植物は捕虫器が独特で口が大きく拡がり強くくびれた形となっている。この種は、ツパイに分泌物を与える代わりに排泄物を養分としている[153]（**図5－2**）。同じく、ウツボカズラ属のネペンテス・アンプラリアはまるっこい捕虫器を林床の地面を覆うほどならべる。こちらはアリなども捕まえるが、それだけではなく落ちてきたリターを収集し分解するのだという。

それに都合がよいように、蓋は細長く、捕虫器の口を覆わないようになっている。[82] ウトリクラリア・プルプレアの捕虫器内部に藻類や動物プランクトンのコミュニティーが存在しているという事例も第4章で紹介した。[164] このウトリクラリア・プルプレアはほとんど水生無脊椎動物を捕まえず、微生物たちの出すゴミを餌にしているとされる。また、生育地の栄養条件によって、進化的に食虫性を喪失したと推察される事例としては、フサタヌキモがある（第6章参照）。この種は、富栄養化した湖沼に生育し、[86] 捕虫器が近縁種と比較して少ないことが知られる。富栄養化した湖沼では、食虫性にコストをかけるよりも、ほかの水草と同様に水中から無機栄養を吸収するほうが有利だったのかもしれない。

このように栄養源を獲物からほかのものへシフトすると、食虫性に関わる五つの要素を失っていく。たとえば、蜜や匂いを出すのをやめたり、滑りやすい構造や鳥もち構造をつくるのをやめたり、消化酵素を出すのをやめたりする。ネペンテス・アンプラリアは広域に分布する種であり、ほかの食虫植物同様、開けた土地や、また反対に暗い林床にも生育している。暗い林床は、食虫植物の特性からすると不利な生育地に思える。しかし、林床に生育するものはリターを利用できるため、開けた土地に生育するものよりも多くの窒素が利用でき、正味の光合成能力も上昇する。[82,83] すなわち、暗い林床で生育するうえでは、小動物を捕らえることよりも、リターを集めるほうが有利であったことが推測される。リターを集めるのであれば、獲物を捕らえるためのコスト（色や蜜、匂いなど）は必要なくなるであろう。実際に、ネペンテス・アンプラリアは、ほかのウツボカズラ属が有している獲物を誘引するための蜜腺や獲物を捕らえるためのワックスゾーンを喪失している[78]。同様に、ツパイの排泄物を利用するネペンテス・ローウィーも、捕虫器内部のワックスゾーンや捕虫器の襟部分における滑りを誘発する構造が喪失している[153]。

季節、生育環境および生育段階に依存した食虫性の喪失

季節に応じて食虫性を喪失する事例はいくつか知られている。多くの温帯性の食虫植物では、冬季になれば冬芽を形成して捕虫葉を展開しなくなる。こういった特性はムジナモ属やモウセンゴケ属、タヌキモ属、ムシトリスミレ属の一部などで見られる。乾季が存在する地域でも同様に、一部のモウセンゴケ属は捕虫葉を展開しないか、塊茎や塊根でその季節をしのぐ。ムシトリスミレ属のなかには、乾季になると雨季に比べて葉が小さく縮こまって多肉植物のようになり、粘液分泌が減少するものが存在する。サラセニア属の一部は、晩夏に捕虫能力がなく、かつ光合成能力の高い扁平(へんぺい)な葉を形成する(**図5-3**)。ハエトリグサは、冬には大きな葉柄と小さな罠のついた葉を出す[6]。フクロユキノシタは、冬季には捕虫能力のない扁平な葉を形成する。

環境依存的に食虫性を消失する例もいくつか知られている。ウツボカズラ属やサラセニア属は、富栄養や乾燥、被陰により、捕虫器の形成が行われず、扁平な葉柄や偽葉だけとなること

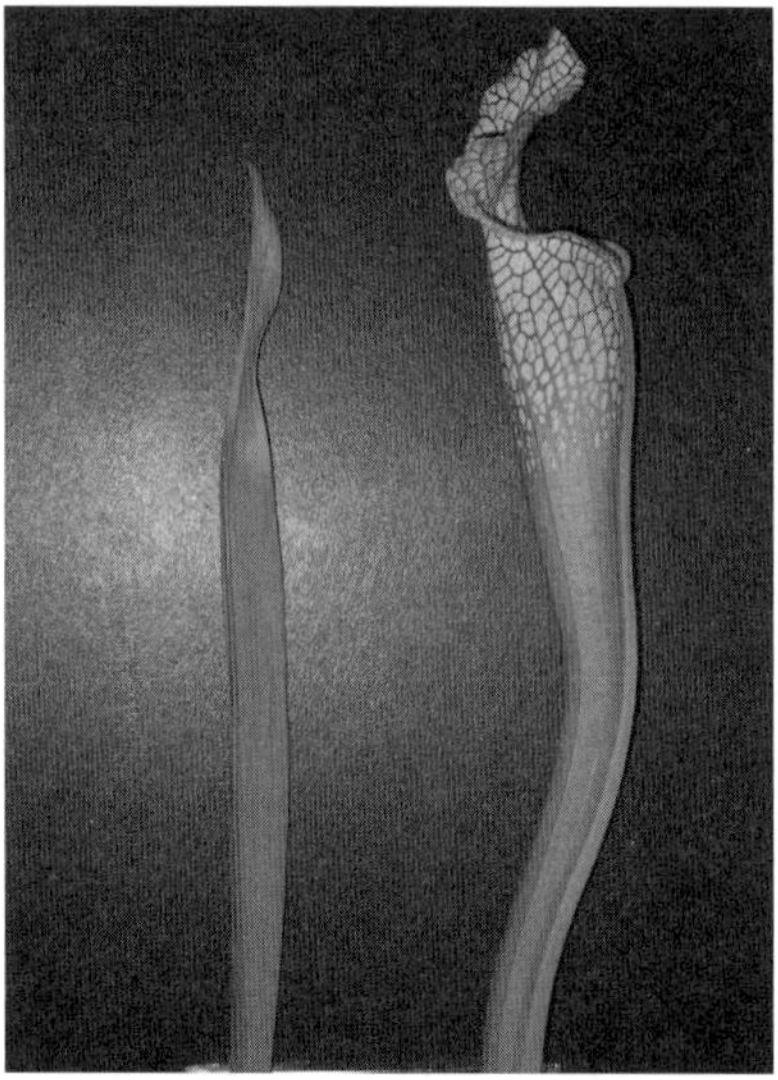

図5－3　サラセニア・レウコフィラの捕虫葉（右）と捕虫能力を失った偽葉（左）。

が知られる。[115] たとえば、パヴロヴィクら[216]は、肥料を土に与えることでネペンテス・タラゲンシスの光合成能力が向上することを示し、一方で肥料を与えた個体には捕虫器がつかなくなることを示した。バーストロットら[2]およびグリーンら[5]はトリフィオフィルムが、低光量下では小さな捕虫器しか形成しないことを指摘している。サラセニア・アラタは周りに植物が存在すると捕虫器への重量の配分が減り、逆に周りの植物が野火などの攪乱で除去されると捕虫器への配分が増える。[88] これは、周りの植物が排除されて光環境が改善されることと関係していると考えられる。前述の、晩夏にサラセニア属が偽葉を形成するのは、乾燥と関係があると考えられている。[6] さらに、林床に生育するドロセラ・シザンドラやドロセラ・プロリフェラは、比較的大型の葉を形成するが、一方で腺毛の密度が低く、食虫性が失われていると考えられている。[6] また、前述のとおり、ネペンテス・アンプラリアは林床環境に適応する形で食虫性を失っている。これら以外にも、観察事例より、窒素利用性が高まると捕虫器の捕獲能力が下がる形態に変化することが明らかとなっている。[116、217～219] さらに、モウセンゴケでは窒素利用性が高まったときに、その窒素源を獲物ではなく土壌に依存するようになる。[220]

食虫植物のなかには、生育段階に応じて食虫性を喪失させる事例がふたつ存在している。ひとつはトリフィオフィルムで、幼木から成木への移行期かつ雨季にのみ食虫性を有する。もうひとつがドロセラ・カドゥカ[2]であり、こちらも株が若いときにのみ食虫性を有する（**口絵⑫**）。両者は株が成熟すると、捕虫葉を展開しなくなるか、捕虫効率が下がった形態になり、食虫性を喪失するのである。

食虫植物といえども、常に捕虫活動を行うのではなく、季節や生育環境、生育段階に応じ、不要なときには食虫性を喪失させる。ギヴニッシュら[6]のモデルはこういった食虫性の喪失にも説明を与える。食虫植物は強い養分制限を受けており、かつ食虫性を有しつづけるにはコストがかかる。捕虫効率が低減する時期や、植物側の生育に不適な時期（乾燥や低温、弱日射）に食虫性を喪失させるように進化させるであろう[6]ことは、想像に難くない。生育段階に応じて食虫性を失う場合、若い株では捕虫活動を行っている。おそらくは、若い株の間の成長の補助として捕虫活動を行い、ある程度まで成長すればその補助がなくても、生育できる状態になるのであろう。

食虫性の喪失から明らかになること

上記の事例でほぼ一貫していえることは、ギヴニッシュら[6]やベンジン[81]の述べる食虫植物の生育環境、すなわち湿潤、強日射、少リター（広い意味では、動物の排泄物も含めてデトリタスが少ない）および貧栄養ではないときは、食虫性を失うということである。それは、種レベルでも表現型可塑性（同じ遺伝子を持ちながらも形態が変わる現象）の範疇（はんちゅう）でも同様である（**表5-2**）。これらの現象が食虫植物で広く認められることを考慮すると、おそらくは特定の生育環境でなければ食虫性のコストが利益を上回ると考えて間違いないであろう。

しかしながら、上記のことを進化的観点（集団分化、種分化および遺伝子発現）で検証した研究は多くはない。表現型可塑性に基づいて判断すること、たとえば富栄養な環境と貧栄養な環境を再現し、富栄養な環境では食虫性が低下することを確認するだけで、食虫性が富栄養環境下では進化しない、もしくは富栄養環境下では食虫性が低下するように進化すると完全に結論づけてしまうのは早合点である。なぜなら、これだけでは食虫性のコストが原因となって、適応的な表現型可塑性が選択されてきたかどうか明らかではない。極端な話、じつは食虫植物は過剰な養分に耐性がなく、生育不良を起こしているために、食虫性の程度が低下したのかもしれない。この場合、表現型可塑性がない、すなわち富栄養環境下でも食虫性が低下しない種、系統もしくは集団と表現型可塑性のあるものとを比較するべきである。そして、表現型可塑性があるほうが、適応度が高い（植物体が大きくなる、種子生産量が多いなど）ことを示す必要

表 5-2　食虫性を喪失する事例のまとめ。○は食虫性の喪失と関係する要因を示す。

種名	レベル	水	日射	デトリタス	養分
Nepenthes ampullaria	種分化		○	○	
Nepenthes lowii	種分化			○	
Utricularia dimorphantha	種分化				○
Utricularia purprea	種分化			○	
Aldrovanda vesiculosa	表現型可塑性		○		
Cephalotus follicularis	表現型可塑性		○		
Dionaea muscipula	表現型可塑性		○		
Drosera caduca	表現型可塑性				○?
Drosera peltata	表現型可塑性	○			
Drosera prolifera	表現型可塑性		○		
Drosera rotundifolia	表現型可塑性				○
Drosera schizandra	表現型可塑性		○		
Nepenthes talagensis	表現型可塑性				○
Utricularia spp.	表現型可塑性				○
Utricularia australis	表現型可塑性		○		
Pinguicula esseriana	表現型可塑性	○			
Pinguicula vulgaris	表現型可塑性		○		
Sarracenia alata	表現型可塑性		○		
Sarracenia leucophylla	表現型可塑性	○			
Sarracenia purpurea	表現型可塑性				○
Triphyophyllum peltatum	表現型可塑性	○			○?

がある。

また、種分化に関しても、食虫性を失った種と食虫性のある近縁種を生育地に基づいて比較するだけでは不十分である。たとえば、食虫性の喪失と生育環境には何の関係もない可能性もある。じつは、食虫性を有する種はたまたま典型的な生育地に、食虫性を喪失した種はたまたま例外的な生育地に生育しているだけかもしれない。この場合も、それぞれの種をそれぞれの環境に相互移植する実験をして、適応度の高低を比較する必要がある。

これらの実験をして、はじめて進化的な観点から食虫性の利益とコストを検証しえる。しかしながら、食虫性の獲得よりは、近縁種の比較が可能なぶん、検証は容易であろう。また、喪失した食虫性に関与する遺伝子を明らかにすることも重要だろう。もしかすればこれらの遺伝子も食虫性獲得に関与している可能性があるためである。これからの研究の発展が望まれる。

5・4　捕虫器の形態

食虫植物のもっとも特徴的な構造は捕虫器であり、その多くは葉が変化したものである。しかし、普通の葉がいかに構造変化して捕虫器になったのかは、完全には明らかになっていない。近年になって、捕虫器の葉の表裏（向背軸面）、通常の葉の構造（葉身や葉柄、托葉（たくよう）など）に相当する箇所が徐々に明らかになってきた。本節では、捕虫器の進化に関する興味深い問題を取り上げよう。

モウセンゴケ科の比較

モウセンゴケ属は、触毛が生えた葉という単純な形態のように思える。しかし、触毛以外が普通の葉と同じというわけではない。モウセンゴケの葉には一般的な葉にみられる柵状組織(巻末の「用語解説」参照)がなく、気孔は捕虫葉の両面にできる。[221] さらに触毛には導管が通っており、ほかの植物にはこのような導管の通った毛は見られない。[221] このように触毛とほかの植物の毛、触毛以外の葉の部分とほかの植物の葉身とを比較すると構造が異なっている。一方、はさみ罠を有するハエトリグサとムジナモはモウセンゴケ属にもっとも近縁である。[51] 系統関係を考えると(5・5節参照)、はさみ罠式はモウセンゴケ属の鳥もち式から進化してきたと考えられる。一見すれば、ふたつの捕虫法はまったく異なるように思える(**図5-4**)。

ところが、これらふたつの罠にはいくつかの共通点が知られる。ひとつ目は、速さに違いがあるもののモウセンゴケ属とハエトリグサ、ムジナモの罠は、動くという点である。ふたつ目は、モウセンゴケの触毛には維管束が通っている点で、ハエトリグサの葉縁部にあるトゲ状突起と共通した特徴である。三つ目は、モウセンゴケの触毛は葉の中心部と葉縁部で形態と性質が異なり、中心部の短い触毛は獲物が捕まったという刺激を葉に伝達することができる一方、葉縁部の長い触毛にはそれができない点である。[222] これは、ハエトリグサにおける獲物から受け

図 5－4　ハエトリグサ（a）、モウセンゴケ（b）との捕虫葉の比較。一見、形は似ていないが、モウセンゴケの周縁部とハエトリグサのトゲ状突起、モウセンゴケの中央部の触毛とハエトリグサの感覚毛はそれぞれ性質が似ている。

る刺激を感受できる感覚毛と感受できないトゲ状突起の関係に似ている。四つ目は、モウセンゴケ属の一部には、獲物が捕まった刺激に反応して、外縁部の触毛が素早く内側に屈曲する種が存在する点である（クルマバモウセンゴケなど、コラム3参照）。ハエトリグサにおいても、罠が作動した際にはトゲ状突起は素早く屈曲する。したがって、モウセンゴケ属の中心部と葉縁部の触毛がそれぞれハエトリグサの感覚毛、トゲ状突起と相同であると考えられている。[10, 104]

罠の生理的側面でも共通点が見られる。両者はともに獲物が捕獲された、もしくは通過したときの刺激により罠が駆動するが、植物体が傷つけられることでも駆動する。また、獲物が捕獲された、もしくは通過したときの刺激により罠が駆動する場合、罠の反応は獲物が捕獲された部分だけで起こるが、傷つけられた場合は全身で反応が起こってしまう。[223, 224] これは、両者が罠の駆動において、〝普通〟の植物では傷害応答に関わっていると考えられる植物ホルモン、ジャスモン酸類をシグナルとしていることに由来する。ハエトリグサではジャスモン酸グルコシド、[224~226]モウセンゴケではジャスモノイル-イソロイシンがおもに関わっている。[223,227]このような共通点が示すことは、モウセンゴケとハエトリグサ、ムジナモは根本的には互いに共通のしくみを用いているが、一見するとまったく異なる形態、性質の罠を形成しているということであろう。

三科の落とし穴

ウツボカズラ科やサラセニア科、フクロユキノシタ科の落とし穴式捕虫器はどうであろう。これら三つは同じ捕虫法を採用し、比較的似た形態をしているにもかかわらず、それぞれまったく別の系統で独立に進化してきた（5・5節参照）。さらに、三つの科の落とし穴はまったく異なる発生過程から形づくられる（**図5-5a～c**）。

ウツボカズラ属の捕虫器は葉身が変化したものであり、薄く拡がった一見葉身に見えるところは葉柄（もしくは葉基部）[228]である。これは、ウツボカズラ属が真正双子葉植物であることを考えると、捕虫器部分に網状脈があり、薄く拡がった「葉身」状部分には明瞭な脈が存在しないため、[229]想像がつく。この葉身状となった葉柄は偽葉と呼ばれ、捕虫器となって光合成効率の低下した葉身に変わり、光合成を担う器官となっていると考えられている。捕虫器における葉の向軸側（表）はどこかというと、二列に並んだ翼の間に囲まれる部分である。通常の捕虫器

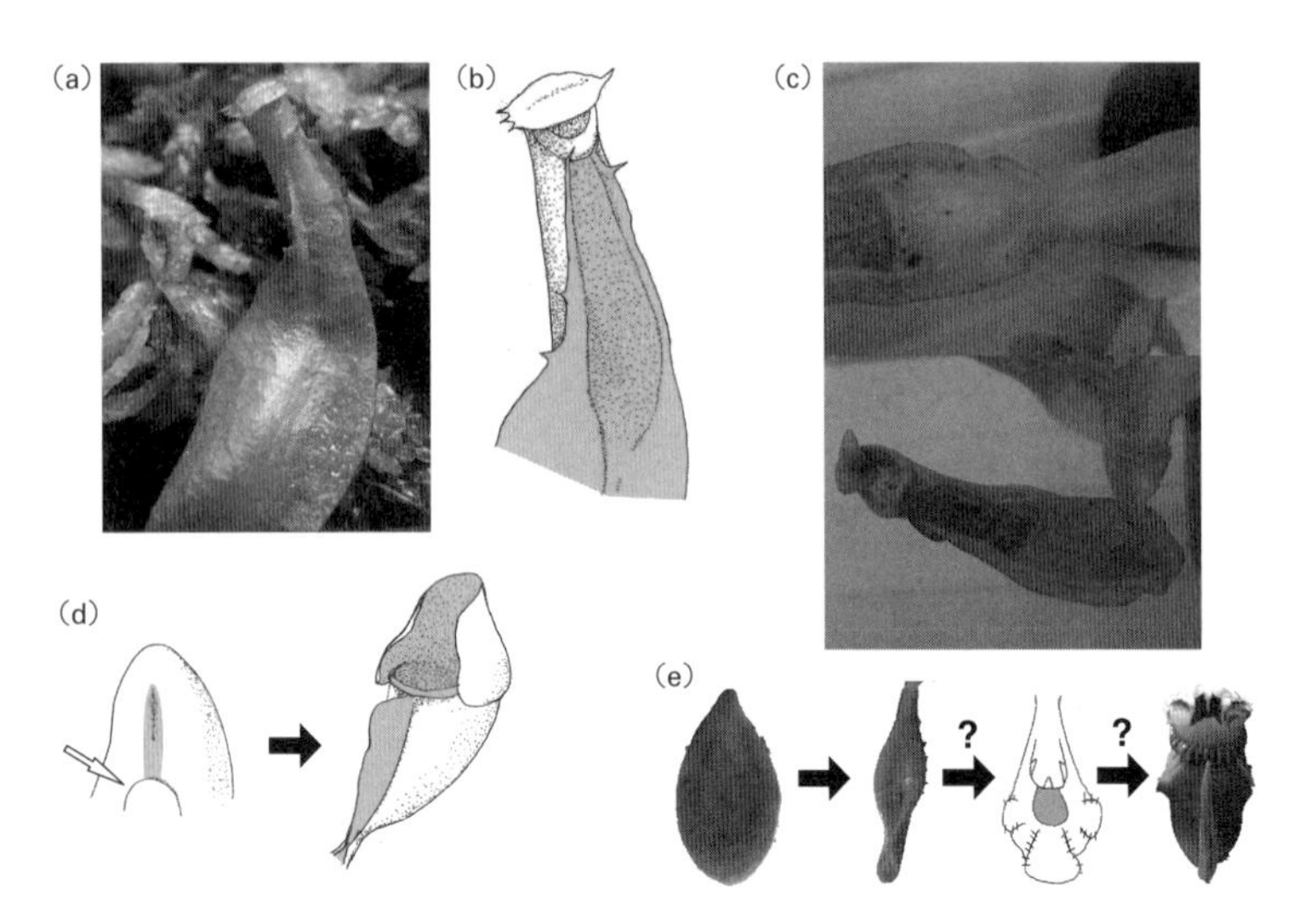

図 5-5 (a) ネペンテス・ビカルカラタのつる部分が伸びなかった捕虫器と (b) そのスケッチ。(c) ネペンテス・ミラビリス'ウイングド'。(d) サラセニア属の葉原基 (左) と捕虫器 (右) の模式図。葉原基基部のドーム状部分 (白矢印) は茎頂分裂組織。文献 207 をもとに作成。(e) フクロユキノシタの捕虫葉の進化の仮説。文献 230 をもとに作成。いずれの絵に関しても、向軸側 (葉の表) 由来の部分をグレーで示した。

では明らかではないが、つるの部分が発達しなかった捕虫器[9]を見てみると一目瞭然である。したがって、袋構造のうち、翼に囲まれた部分以外は背軸側(裏)である。

サラセニア属の場合、どの部分までが葉柄で、どこからが葉身か、議論が分かれてきた[37,228]。清水[37]によれば「サラセニア属の捕虫嚢は葉柄が伸長変化したもので、先に小型の葉身がつく」としており、そのまま受け取るなら捕虫嚢は大部分が葉柄で、葉身は捕虫嚢の入り口部分についた蓋状になった部分、と推定できる。一方、フランク[228]によれば、捕虫器は葉身由来だという。一般的な植物において向軸側および背軸側で特異的に発現している遺伝子を用いて、葉の表裏を調査した結果[200,211]によると、葉の向軸側に由来する部分は、捕虫葉の内側部分、そして翼部分である。一方、背軸側は捕虫葉の外側の残った部分である（**図5-5d**）。この結果を見る限り、サラセニア属の捕虫葉は葉柄と葉身を含めた全体で壺型になっているように見える。サラセニア科のほかの属と比較すると、ダーリングトニア属では入り口部分についた二叉に分かれた附属物、ヘリアンフォラ属では捕虫器上部に存在する蜜腺が集まった匙状部分（ネクタースプーン）が、サラセニア属の蓋状部分に相当する部分だと考えられる。

最後、フクロユキノシタ属であるが、こちらはウツボカズラ属と同様葉身が捕虫器となっているものの、その成りたちは異なる。フクロユキノシタ属の場合、不完全な捕虫器の形状[9,230,231]から、捕虫器の表面に見えている部分はすべて葉の裏であり、表は捕虫嚢の内部である（**図5-5e**）。不完全な捕虫器の様子から、葉の折り畳みや部分的な伸長によってあの複雑な構造の捕虫嚢が出来上がっているように見える。また、フクロユキノシタ属の特徴として、捕虫葉と普通葉を個別につくる。これに着目して、福島ら[196]は、捕虫葉と普通葉を特徴づける遺伝子発現の解析を行った。その結果、捕虫葉では向軸-背軸の決定に関連する遺伝子、デンプン・スクロース代謝関連遺伝子、ワックス・クチン合成様遺伝子およびハエトリグサでも見られたトランスポーターが有意に高発現していた。向軸-背軸の決定に関連する遺伝子は特殊な形態形成、デンプン・スクロース代謝関連遺伝子は獲物を誘引するための蜜の生産、ワックス・クチン合成様遺伝子は滑りやすい構造の形成、トランスポーターは養分の吸収に関与していると考えられる。一方で、普通葉では光合成関連遺伝子が高発現していた。

以上、形態的に類似した捕虫器における違いに着目してきたが、逆に形態的な類似以外の類似性も明らかになってきている。福島ら[196]は、異なる起源に由来する食虫植物の消化液に含まれる酵素について解析を行った。その結果、フクロユキノシタ属とウツボカズラ属(あるいはハエトリグサ属、モウセンゴケ属およびウツボカズラ属のグループ)の間で、いくつかの消化酵素において種間の系統的な遠さから予測されるよりも類似したタンパク質配列を有していた。これが意味しているのは、類似したアミノ酸置換が独立の系統で生じているということである(分子レベルの収斂(しゅうれん)進化)。置換が起こっているアミノ酸は、触媒作用に関与する部分ではなく、外界にさらされている部分である。したがって、触媒作用に影響を与えているというよりも、通常の植物とは異なる外界の状態(通常の植物ではこれらの酵素は体内で作用するが、食虫植物の酵素は体外、低いpH、微生物活動下かつ獲物由来の物質が存在する状況で作用する)に対応したものに進化してきたのかもしれない[196]。

洗練された捕虫器

タヌキモ属やゲンリセア属の捕虫器も、同様に葉が起源であると考えられている。これらふたつの属は近縁であり、同じく近縁であるムシトリスミレ属との系統関係から、鳥もち式罠から進化してきたと推測されている。[207]

タヌキモ属の捕虫器は、葉全体、分裂葉の一部もしくは小葉が起源であるとされる。[9, 10, 228] そして、タヌキモ属の捕虫器に関して、形態形成に関わる遺伝子が明らかになりつつある。[215] ホワイトウッズ[215]は、オオバナイトタヌキモの葉と捕虫器のそれぞれの原基において、発現する遺伝子を調べた。すると、捕虫器の原基では、葉の向軸側で発現する遺伝子（*UgPHV1*）が捕虫器内部の小さい範囲に局在して発現し、背軸側で発現する遺伝子は捕虫器の外部で発現していた。一方で、葉の原基では*UgPHV1*の局所的な遺伝子発現が見られず、袋状の構造が形成されない。さらに、*UgPHV1*を高発現させると、捕虫器をつくる数が低下する。以上から、*UgPHV1*の局所的な発現が、袋状の構造をつくるのに重要であると考えられる。[215, 232] また、この研究によってオオバナイトタヌキモでは分裂葉の一部が、ひとつの捕虫器になることもわかる。そして、フクロユキノシタと同じく、オオバナイトタヌキモでも葉では光合成関連遺伝子、捕虫器では呼吸や酵素反応に関連する遺伝子が発現していることもわかってきた。[206] ゲンリセア属については研究が進んでいないが、その捕虫器はタヌキモ属の捕虫器でいえば、アンテナ部分がY字のうちのV部分にあたると考えられている。[228]

同時にこれらの種は、通常の植物に見られるボディプラン（基本的な体構造）が「緩められている」とされ、捕虫器を有する以外にも通常の植物と比較して根本的に異なる点がある（ほかの水生植物や着生植物でもボディプランの緩みは認められる。たとえば、カワゴケソウ科の植物など)。たとえば、根系を完全に欠く点、タヌキモ属は捕虫器が仮根、匍匐茎、葉の先端、葉の端、花茎を浮かせるための浮きの部分、もしくは葉身の表面から発生することから、植物体のほとんどが葉のような性質を有する点などである。[233] そういった制約の緩みのためか、これらの植物は特別な処理を施さずとも、体の〝至る所〟から完全な植物体が発生する。

5・5 食虫植物の系統分類

本章の最後に、食虫植物の系統分類と食虫性の進化について検討する。かつては形態から近縁関係を推測していたため、いくらか分類には混乱が見られた。たとえば、鳥もち式の罠を有するモウセンゴケ属やドロソフィルム属、ビブリス属、ロリドゥラ属は互いに近縁であるとされ、ドロソフィルムはモウセンゴケ属の一部として扱われたり、ビブリス属とロリドゥラ属が同一の科に含まれたりした。

しかし、最近は分子系統的手法が発達し、生物の設計図ともいえるDNA配列を直接読むことで系統関係を探ることができるようになってきている。モウセンゴケ属やドロソフィルム属、ビブリス属、ロリドゥラ属の四属はそれぞれ別の科に属し、さらにモウセンゴケ科・ドロソフィルム科はナデシコ目、ビブリス科はシソ目、そしてロリドゥラ科はツツジ目と、目レベルで異なる位置に分類される。食虫植物についての系統樹を**図5－6**に示した（系統分類表は**表1－2**参照）。このように、食虫植物という分類は複数の目にまたがっており、最低六〜九回独立に食虫植物が進化してきたと考えられている。[10, 194]

この節では、とくに食虫植物および原始食虫植物・捕殺植物が多く含まれるナデシコ目とシソ目について取り上げる。食虫植物の種の九五％程度が、これらふたつの目に含まれる。[148]

ナデシコ目：一回起源の食虫性と複数の捕虫法

ナデシコ目に属する食虫植物で興味深いのは、一見類縁関係のなさそうな食虫植物の科どうしが近縁にまとまることである（**図5－6**）。ディオンコフィルム科やドロソフィルム科、モウセンゴケ科、ウツボカズラ科は互いに近縁であり、これらが含まれるグループとイソマツ科（原始食虫植物を含むルリマツリ属が属する）やタデ科、ギョリュウ科、フランケニア科のグループが姉妹群となる。[234]

食虫植物が属する系統には異なる捕虫様式（鳥もち式やはさみ罠式、落とし穴式）が含まれ、非食虫性の科（ツクバネカズラ科）や属（ディオンコフィルム科のトリフィオフィルム属以外）とともに単系統を形成する。この系統樹を見ると、最節約的に考えて、食虫性は一回の起源であると考えられる。[222] この一群は、まず鳥もち式の捕虫器を獲得し、モウセンゴケ科のグループのうちハエトリグサやムジナモははさみ罠式に捕虫器が変わったと推定される。一方でモ

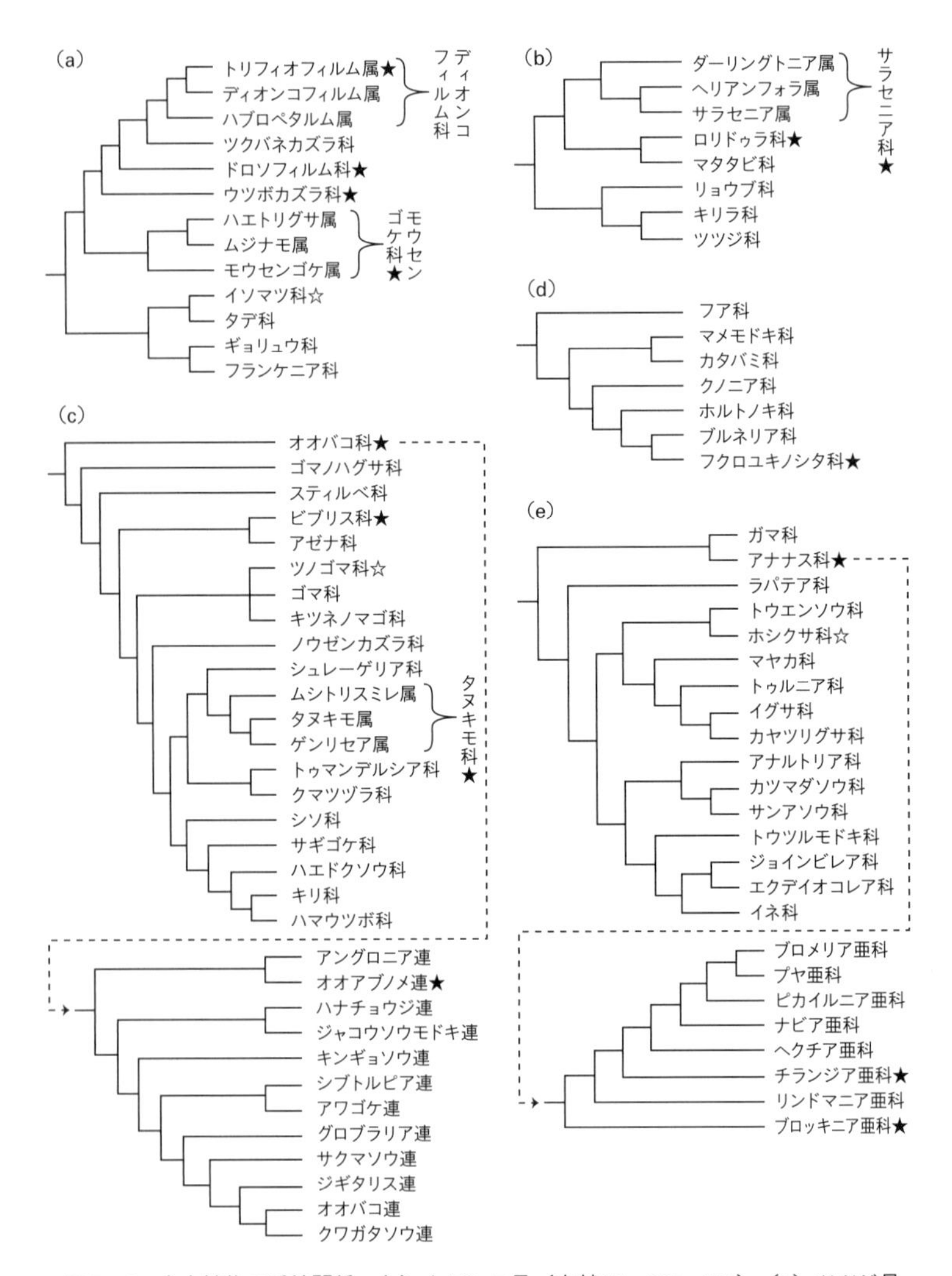

図 5－6　食虫植物の系統関係。(a) ナデシコ目（文献 51、234、242)、(b) ツツジ目（文献 242、243)、(c) シソ目とオオバコ科（文献 207、242、244、245)、(d) カタバミ目（文献 242)、(e) イネ目とアナナス科（文献 242、246)。各引用文献をもとに作成、改変。★、☆はその科や属に食虫植物、原始食虫植物がそれぞれ含まれることを示す。

ウセンゴケ科ではないグループ（ウツボカズラ科やドロソフィルム科、ツクバネカズラ科、ディオンコフィルム科）のうち、ウツボカズラ科は鳥もち式から落とし穴式に変わり、ドロソフィルム科はそのまま鳥もち式の罠が残った。そしてツクバネカズラ科とディオンコフィルム科のグループは一度食虫性を失い、ディオンコフィルム科のうちトリフィオフィルム属のみが食虫性を再度獲得したと考えられる[222]。

このうち、とくにモウセンゴケ科についてその進化の過程が明らかになりつつある。モウセンゴケ科はその進化の過程のなかで全ゲノム倍加を経験している[195]。この全ゲノム倍加による遺伝子数の増幅は、より複雑な遺伝子ネットワーク、遺伝子の冗長性による進化可能性の増加を生み出すと考えられ、とくに植物の進化において重要であると考えられている。さらに、モウセンゴケ科では全ゲノム倍加後、普通の植物では根の形成に関わる遺伝子が消失していった。これは、食虫植物が根に依存しない養分獲得戦略であり、根が退化的であるという形態（**図3－5**参照）と一致した結果である。

＊1　全ゲノム倍加が起こると同じ機能を持った遺伝子がふたつ以上になる。このような状態を冗長的であるという。たとえ遺伝子が必須のものであり、機能的に大きく変わることができなくても、冗長的な状態になれば、一方に元の機能を残しておけば、もう一方は新たな機能を獲得できる可能性がある。

シソ目：複数回起源の食虫性

一方で、シソ目では、ナデシコ目で見られた食虫性の進化とは異なる様相を呈している。シソ目にはタヌキモ科やビブリス科、ツノゴマ科（原始食虫植物）、オオバコ科が含まれるが、食虫植物の科が単系統にまとまるわけではない。[207] シソ目全体で見たときに、鳥もち式の罠を有する科や属が散見され、また食虫植物や原始食虫植物以外の植物でも粘液腺を持つものが存在するので、これらすべてがまとまる系統樹の基部で鳥もち式の罠が獲得された可能性がある。[30] しかし、食虫性については各グループが離れているので独立に進化したのであろう。タヌキモ科内の系統に関してはムシトリスミレ属とタヌキモ属・ゲンリセア属クレードが姉妹群になることが明らかになっている。[207] ほかの植物も同様に鳥もち罠を持つことから、鳥もち式が祖先形質の可能性が高い。したがって、吸い込み罠式や迷路式は鳥もち式から派生的に生じたのであろう。

このうち、タヌキモ科のタヌキモ属についてとくに研究が進んでいる。5・4節でも述べたが、タヌキモ属とゲンリセア属は複雑な捕虫器の形態をしている。その一方で、ゲノムの解析でわかってきたのだが、これらのグループは種子植物のなかでもとくに小さいゲノムサイズを持つ種が含まれている。*2 これは、遺伝子の数が少ないというよりは、ゲノム内に遺伝子以外の領域や通常の被子植物のゲノムのかなりの割合を占めるトランスポゾンが少なく、ゲノム上に遺伝子がコンパクトにまとまっているということらしい。とくにトランスポゾンが少ないのは、トランスポゾンの移動を抑制する因子の存在により、移動が抑制されている間に徐々にゲノム中から消失したのだと考えられる。[212,214] このような特徴から、二〇一〇年代にはオオバナイトタヌキモやゲンリセア・アウレアの全ゲノムが解読され、[212〜214] 同じ科のムシトリスミレ属より研究が進んでいる印象である。

全ゲノムの解読が行われたことで、モウセンゴケ科との類似性も明らかになった。タヌキモ科では最低でも二回の全ゲノム倍加を経験し、そのあとタヌキモ属でゲノムサイズの低下が起こっている。[212] さらに、タヌキモ属では遺伝子の獲得、消失の速度が速いこともわかってきた。[209] タヌキモ属は根がまったく存在しない分類群であり、それに対応するように根の発生に関する遺伝子が消失していた。[212] ゲンリセア属全体での全ゲノム倍加については研究がないが、タヌキモ科で二回の全ゲノム倍加が起こり、そのうち一回はタヌキモ属で起こったと考えると、[214] 残りの一回の全ゲノム倍加はゲンリセア属も共通して経験している可能性が高い。その後、一部のグループではゲノムサイズが減少していた。[210,213,214] ゲンリセア属も根のない分類群であるが、根の発生に関する遺伝子が消失したという証拠は、いまのところ言及がない。一方で、ゲノムサイズ

＊2　ゲノムサイズが小さいことをひとつの理由として、モデル植物として扱われるシロイヌナズナのゲノムサイズが一三〇Mbp程度であり、最小の部類であると考えられている。それに対し、一部のタヌキモ属やゲンリセア属はその形態の複雑性に対して、一〇〇Mbpを下回る種も存在する。形態の複雑性とゲノムサイズや遺伝子数は必ずしも関係がないとはいえ、なかなか驚異的な事例である。

の減少が起こっている分類群では、DNA代謝関連遺伝子が減少しており、これがゲノムサイズの減少に関与していると考えられる。[214]

＊　＊　＊

本章では、まず化石証拠に関する現状を述べ、つづいて食虫性の獲得と喪失から食虫植物の進化の道筋を、さらに形態的側面や系統学的側面から各食虫植物間の関係性と由来を考察した。

食虫植物の化石は、現在のところ丈夫で残りやすい花粉や種子が大半を占めている。一部の化石に関しては、のちの研究で、食虫植物であることが否定されたものもある。その一方、琥珀に閉じ込められたロリドゥラ属の葉の化石のように、希望の見える発見もあった。

植物全体で見ると、食虫性を構成する各要素はいくつか散見される。誘引能力は、花を中心として多くの植物が備える能力である。捕獲能力のはじまりは、乾燥から身を守るための水溜まりや防御のための腺毛だったのかもしれないし、形態の突然変異で生じた水溜まりからはじまったのかもしれない。決定的なことはまだ明らかになっていない。分解能力は、耐病性遺伝子由来の分解酵素であることが明らかになりつつある。吸収能力は農業現場でも応用されるように、少なからずの植物が有する能力である。これらの能力が前適応となり、食虫植物が進化してきたのかもしれない。

食虫性の喪失という現象は、食虫植物がいかなる選択圧で進化してきたかを示唆する。ほかの栄養源、すなわちリターや小動物の排泄物、捕虫器内のコミュニティーが出すゴミなどを利用する食虫植物は食虫性を喪失してしまっている。また、根の窒素利用性が高まることで捕獲能力が低下する形態に変化したり、土壌の富栄養化が相対的に食虫性の利益を低減させたりする。これらの現象が示すのは、ギヴニッシュら[6]が示したように、貧栄養であることが食虫性の利益を高め、食虫性のコストを上回るということである。逆に、ほかの栄養源があると、食虫性のコストが利益を上回り、食虫性が消失する。予測されることであるが、獲物の少ない季節や生育に不適な季節には、食虫性を失うものが存在する。また、植物が若いときに食虫性を有し、成熟すると失ってしまう事例も少ないが存在する。食虫性はコストがかかる。食虫植物は栄養制限の強い生育地に生育するぶん、余計なコストを抑えるよう、不要なときには食虫性を失ってしまうようだ。

非食虫植物から食虫植物への進化も、食虫植物内の進化も明らかになりはじめたばかりである。しかし、確実にその進化の過程は紐解かれようとしている。これからは、さまざまな手法を組み合わせていくことで、より多くのことが明らかになるであろう。

コラム6

目間の種数の偏り?

食虫植物の全体的な系統関係を眺めてみたときに、食虫植物の種のうち九五%程度がナデシコ目とシソ目に含まれる。[148] 個人的にはこの事実は興味深い。このような目間に含まれる食虫植物に、大きな偏りが生じている理由は明らかではない。しかし、あくまで個人的な予測であるが、これらの目には多数の原始食虫植物や捕殺植物が含まれていることを考慮すると、これらの目では食虫植物を生み出しやすい、あるいは多様化させやすい素地があるのではないかと推察される。

これまで食虫植物が、防御形質の延長として食虫性を発達させてきた可能性について検討してきた。これが事実だとすれば、腺毛を持つ原始食虫植物や捕殺植物のように防御形質を発達させた「食虫植物の候補」になれる種が多いナデシコ目やシソ目は、多種の食虫植物を内包する可能性が高くなるだろう。さらに、これらの原始食虫植物や捕殺植物が持つ腺毛といった防御形態や食害・病害に対抗する消化酵素も、短期間で防御に効果を発揮するまで進化するとは考えにくい。したがって、ナデシコ目やシソ目の食虫植物の祖先は、比較的弱い選択圧のもとでゆっくりと防御形質を獲得してきたかもしれない。そうだとすれば、急激なボトルネックを受けることがなく、進化可能性を担保してくれる遺伝的多様性を維持したままでいられる。このような遺伝的多様性が高い状態で防御形質が発達した分類群が、食虫性が有利になる環境に置かれたときに、多数の食虫植物を生み出しながら現在に至っているのかもしれない（図5－7a）。

一方で、ツツジ目やカタバミ目の食虫植物が少ない理由も定かではない。これらの分類群では、近縁な種に原始食虫植物や捕殺植物があまり存在しない。また、ナデシコ目やシソ目が食虫植物から非食虫植物まで連続的な種を含んでいるのに対して、ツツジ目サラセニア科やカタバミ目フクロユキノシタ科のように、〝突然〟きわめて特殊化した壺型の形態が出現しているようにも見える。これらの種はもしかしたら、ナデシコ目やシソ目のように防御形質の発達の過程とは、関係がないのかもしれない。これは、大胆な（かつ何の根拠もない）予測であると承知で述べるが、これらの種群は比較的少数の遺伝子の突然変異により、劇的に形態が変わってきたのかもしれない。通常はこのような突然変異は、不利に働くことが多いため、強いボトルネックを受けるはずである。強いボトルネックを受ければ、遺伝的多様性が低下し、進化可能性が低下する。だからこそ、それほど多くの種群を生み出すことなく現在に至るのかもしれない（図5－7b）。

以上のような考えに基づけば、普通の植物がいかにして「適応度の谷」[247]を越え、食虫植物へと進化していったのかを理解することも可能になるかもしれない（図5－7c）。不完全な形

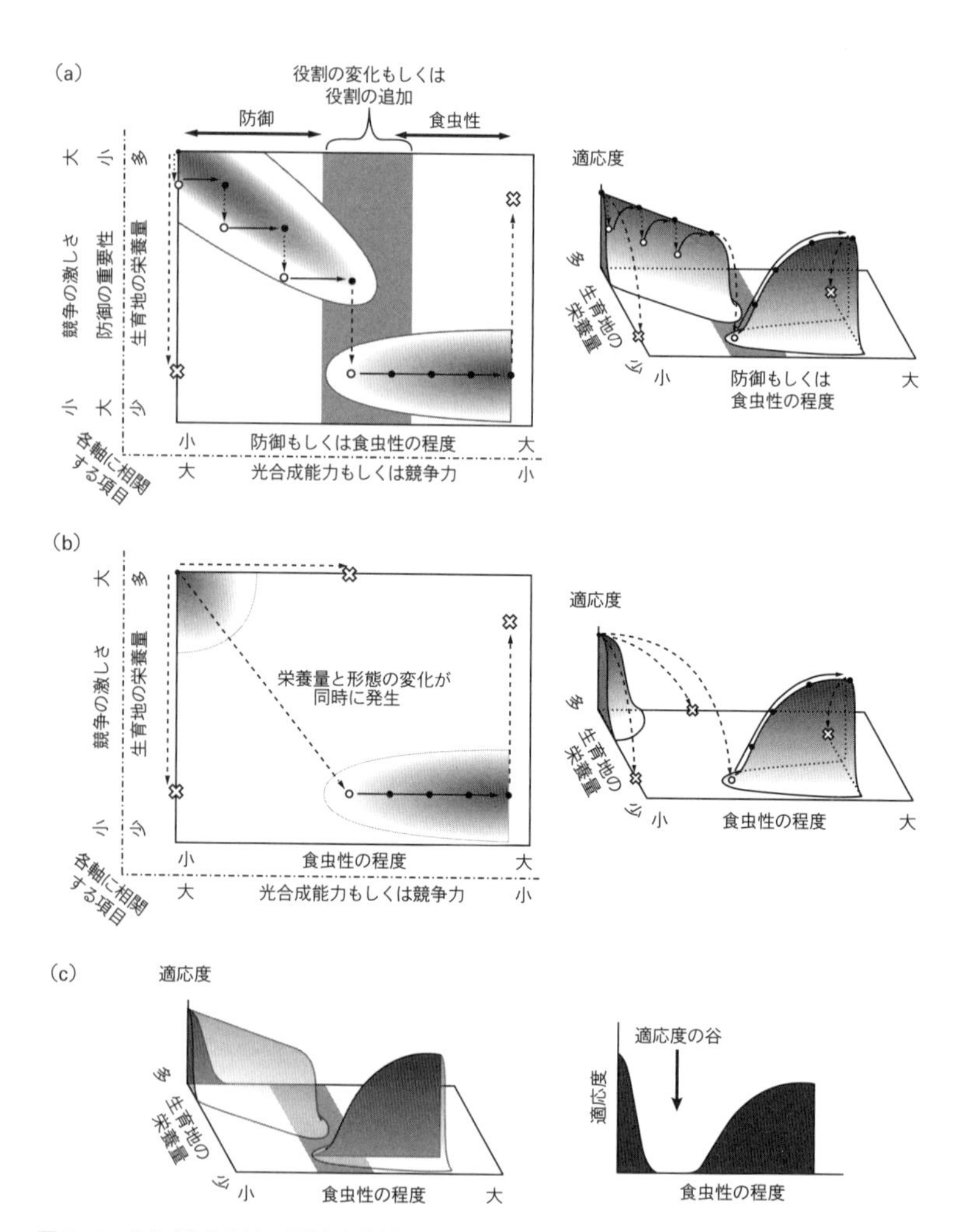

図 5－7 (a) 腺毛を持つ原始食虫植物や捕殺植物のように防御形質を発達させた「食虫植物の候補」になれる種が多いナデシコ目やシソ目における食虫植物への進化の道筋と適応度の関係の予想図。(b)「突然」食虫植物が出現したように見えるツツジ目やカタバミ目における食虫植物への進化の道筋と適応度の関係の予想図。(c) 普通の植物と食虫植物を隔てる「適応度の谷」。

の食虫植物はうまく虫を捕獲できないが、普通の植物として生きるには光合成を犠牲にしすぎていて、どちらとして生きるにも不利であるために、普通の植物から食虫植物への進化はかなり難しいと考えられている。しかし、進化の歴史のなかで、防御形質の意味が変わっていくことでこの適応度の谷を越えてきたのかもしれない。

そして、イネ目の食虫植物は、上記の分類群とはまた異なった様相である。アナナス科という比較的大きく、多様な種群のうち、ブロッキニア属二種とカトプシス属一種が食虫性を示す。ブロッキニア属は、養分獲得の方法が多様化しており、〝普通〟の植物のように土壌の養分に依存する種、アリに死骸を運んでもらい養分にする種、リターを集めて養分にする種、共生しているラン藻に窒素固定してもらう種、そして前述のように食虫性を示す種が存在する。[201] 食虫性は、ブロッキニア属の多様な養分獲得戦略の一派なのである。土壌からの養分に依存する種以外は、葉腋に水を溜めるタンクブロメリアであり、この〝ダンク〟の獲得が養分獲得戦略の多様化に重要だったと考えられる。[201] カトプシス属に関しては研究が進んでいるわけではないが、近縁な種群が着生生活を中心としているので、着生生活で不足する水を溜める形態として〝タンク〟が発達したのだと考えられる。[248] そして、これらの種のうち一種が食虫性を発達させたのだろう。

第6章

食虫植物をどのように保全するか

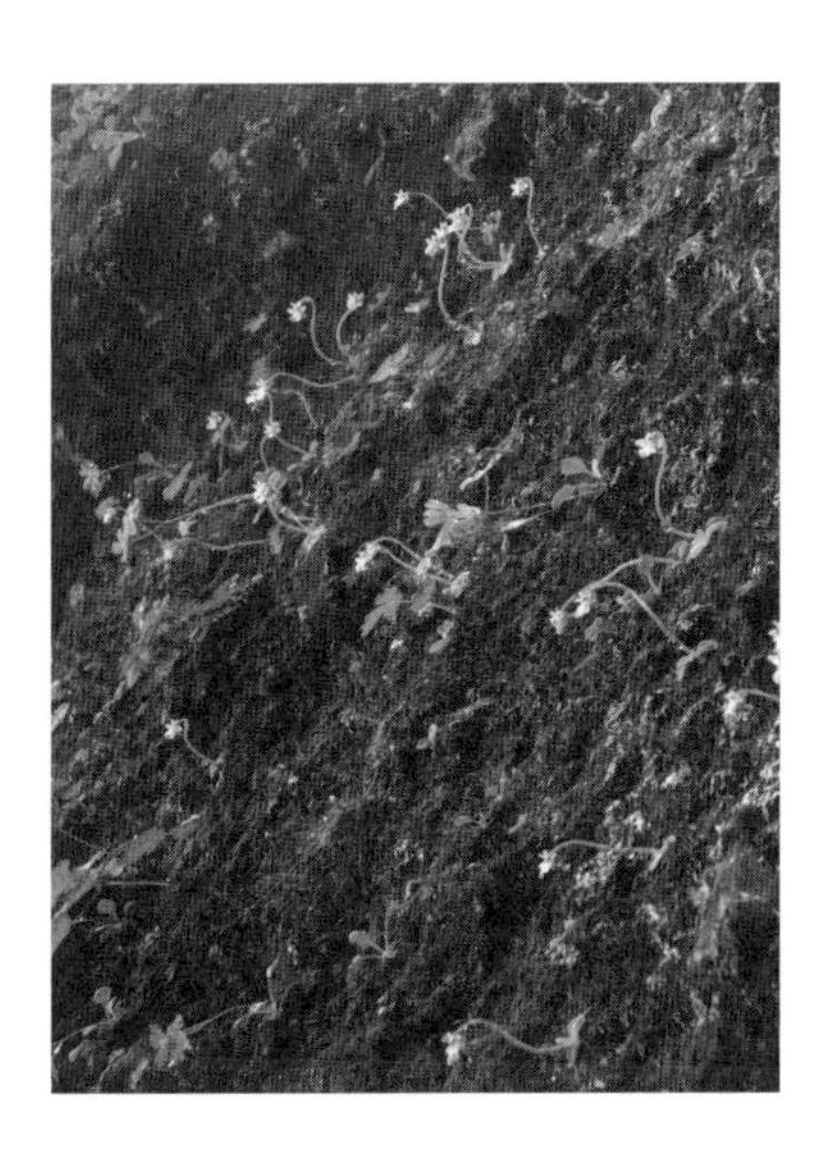

日本固有の食虫植物、コウシンソウの生育地の様子。この食虫植物は、日本のなかでも限られた地域にしか生育していない。食虫植物は、その生育環境の特殊性から危機にさらされやすい。日本において、食虫植物の保全はどのように行われているのだろうか。

食虫植物はその生態や生育環境の性質からか、絶滅の危険にさらされている種が多い。しかし、この事実は一般に認知されているとはいいがたい。生物の保全や多様性などが近年のホットな話題であるけれども、一般の人々にしてみたら「保全」と聞いて思い浮かぶ生物は限られているであろう（たとえば、日本人なら日本を象徴する鳥として名前の挙がるトキとか）。食虫植物が、保全の対象に含まれているか否かを知っている人は少ないのではないだろうか。日本人であっても日本に固有の食虫植物がいたり、日本の食虫植物が絶滅の危機にさらされていたりということも知らないかもしれない。では、なぜこういった絶滅に瀕（ひん）した状況になったのか。最後となる本章で、絶滅の要因と日本での保全活動、そして今後の展望を見ておきたい。

6・1　絶滅に影響を与える要因

ジェニングスとロア[110]がデータベースを用いて食虫植物の絶滅に影響を与える要因を調査している。この論文ではサラスキーら[249]の提唱した三つの段階的水準で構成される「等級別水準による脅威」[*1]によって区分している。そしてジェニングスとロアによると、食虫植物が広く影響を受けていた脅威は、①農業と養殖業、②生物資源利用、③汚染、そして④自然システムの改変であった。

①農業と養殖業

農業用に土地を開拓することが、直接的に生育地を奪うことにつながる。ほかにも、放牧といった動物による摂食や孵化(ふか)場の建設によって自生地が破壊される事例もある。

②生物資源利用

生物資源利用として、野生植物の過剰収集という行為が含まれる。過剰収集は食虫植物の個体数を減らし、成熟の遅い食虫植物の集団に強い影響を与えている。

＊1 生物多様性に対して影響を与えうる脅威を類別、定義したもの。計一一種類の脅威に分類されており、本章で取り上げたもののほか、「居住および工業地帯の発展」、「エネルギー生産および採掘」、「輸送および支給経路」、「人間の立ち入りおよび攪乱」、「侵略的および害のある生物種および遺伝子」、「地質学的イベント」、「気候変動および厳しい気象」が存在する。

③汚染

自生地の汚染は、肥料や農薬の流入が原因となって起こる。肥料は、生育地の富栄養化をもたらし自生地の質を下げる。食虫植物にとって自生地の富栄養化は、ほかの競争に強い植物に侵入を引き起こすことになりかねない（第3章参照）。農薬、とくに除草剤は、そもそもそれ自体が食虫植物に致命的な影響を与える。

④自然システムの改変

定期的に発生する山火事や常に流れ込む水などの、それまでの生育地の性質を変えてしまうことが、自然システムの改変である。たとえば、自生地で山火事が抑制されると外部から侵入する植物がそれにより排除されなくなり、食虫植物が競争に負けて排除されることが起こりうる。水管理のために排水路などが設置されると、自生地の水位が下がって食虫植物が生育できない環境が形成され、外部から侵入する植物の侵入を阻止できなくなる（第3章参照）。

以上のようなことが、食虫植物の絶滅につながる要因である。いずれも決して珍しいことではなく、現在絶滅にさらされているほかの植物でも同様の状況にある。土地開拓や自生地汚染はすでに多くの報告があるし、絶滅の危機にさらされる植物は、利用価値・希少価値が高い（たとえば薬用、観賞用）ものが少なくないため、ハンターやコレクターの収集の対象にされやすい。人間の生活の質を守るための山火事抑制や治水が行われることはよくあることであり、このような改変が大きな影響を与えることも多い。

しかし、すべての要因に関して「やめさせればよい」といえるものばかりではない。どのような保全活動にもいえることであるが、とくに人間の生活の質がかかっている場合、必ず生活の質と自生地の保護のバランスをとる必要がある。自生地への建設や汚染、乱獲を阻止することはできるかもしれないが、自生地の保護のために山火事を抑制しないことで、火事が発生して被害が出ては問題であろう。ほかでの保全活動と同様に、難しい局面であることは間違いない。

6・2　日本での保全

では、日本での保全状況はどうなのであろう。6・1節の内容は、決して日本国外に限った話ではない。愛知県の食虫植物群落はまさに土地開拓、山火事抑制と治水によって絶滅の危機にさらされている。京都府の深泥池(みぞろがいけ)では水質汚染による富栄養化によって、これまでに生育していた食虫植物が次々と絶滅してきた。水質汚染や草食性魚類の侵入といった要因でムジナモが野生絶滅しているし、絶滅していなくても数を減らしている種が多く存在している。ほかの山野草と同じく、食虫植物の乱獲問題も起こっている。外来種や遺伝子汚染が問題となっていることもある。岡山県の食虫植物群落では日本に見られない食虫植物が生育しており、明らかに人為的移植である事例がある。そこで本節では、具体的事例として先に出た愛知県、岡山県および京都府の問題についてくわしく見ていこう。つづく6・3節で、食虫植物の固有種と絶滅してしまった種を紹介したい。

愛知県の食虫植物群落の保全と実態

愛知県における丘陵帯は水を容易に通す砂礫(されき)層に水を通さないシルト層や粘土層が介在している。この不透水層により丘陵の斜面などに地下水が湧出し、小さな湿地が形成されている。[101] これらの湿地では、年間を通して酸性、貧栄養な湧水があるために土壌の堆積が遅く、植生の発達も悪い。知多半島にはこのようにして生じた湿地が多数あり、この型の湿地を泥炭湿地など（これらの詳細は3・2節を参照）と区別して湧水湿地と呼ぶ。[101, 250] 湧水湿地は年間温度の安定した湧水に依存しているので、温暖地生植物と寒冷地生植物の両者が認められる。[101] また、これらに加えて湧水湿地とその周辺に分布する東海地方固有種・準固有種が多く、この植物群を「東海丘陵要素植物群」と呼ぶ（たとえば、シデコブシ、シラタマホシクサ、ヒメミミカキグサなど）。[251] この点で、重要な位置づけにある生態系といえる。

このため愛知県には食虫植物の生育地も多い。しかし、高度経済成長期を迎え、里山の管理が行われなくなると、成長した樹木による被陰、蒸散による乾燥化、攪乱頻度の低下、そしてそれに伴う湿地の遷移が進行が起こった[250]。湿地での遷移が進行すると、食虫植物の生育地が減少する。現在残っている湿地は、かなり少なくなっているようである。代表的な湿地として豊橋の葦毛(いもう)湿原、武豊の壱町田(いっちょうだ)湿地、豊明の大狭間(おおはざま)湿地がある。ほかにも最近新種記載された[252、*2]アカバナナガバノイシモチソウ自生地が豊橋と豊明にある。それぞれの湿地が各種の問題を抱えているようだ。たとえば、葦毛湿原では、国内外来種としてコタヌキモが生育している(**口絵⑬**)。私の個人的観察で、定着しているか不明であるが、サスマタモウセンゴケを二〇一六年八月に確認した[*3]。豊明のアカバナナガバノイシモチソウ自生地では個体数がきわめて少ないため、遺伝的多様性も低くなっており、これから個体群が維持できるか心配されている。豊橋のアカバナナガバノイシモチソウ自生地や、壱町田湿地では湿地が干上がっているためか、灌漑設備やスプリンクラーが設置され人為的に水を供給しており、さらに周りが雑木林のようになっていて木々が侵入しようとしている(**図6-1、口絵⑮**)。

保全活動としては除草作業や除木作業、耕起[*4]、公開日の限定、柵設置などが行われている。武豊の壱町田湿地、豊明のアカバナナガバノイシモチソウ自生地ではボランティアによる広報

＊2　ただし新種扱いがよいかどうかは議論がまだ分かれそうだ。さらなる研究が待たれる。
＊3　なお、確認できたのは一個体であった。
＊4　一年生食虫植物は、これにより過去に形成された埋土種子集団から発芽が促進されるらしい。しかし多年生の場合はむしろ死滅につながるため使いどころが難しいとのこと。

図 6 − 1　愛知食虫植物群落の実態。(a) 葦毛湿原に侵入するサスマタモウセンゴケ。(b) 豊明のアカバナナガバノイシモチソウ。(c) 豊橋のアカバナナガバノイシモチソウ群落に迫りくる木々。いずれも予断を許さない状況である。

も積極的に行われている。[250]

外来食虫植物問題：岡山県および静岡県の事例

片岡と西本[253、255]は、岡山県の湿地での実態を報告している。岡山県の湿地では外来の食虫植物が発見されていて、片岡と西本の二〇一二年最新報告で発見された外来種の総数は累計三科（モウセンゴケ科、タヌキモ科、サラセニア科）五属一五種（雑種を含む）である。湿地は比較的隔離された環境であり、加えて食虫植物は非意図的な形で人間に付随して移動するようには思えないにもかかわらず、[*5] 数多くの外来種が岡山の湿地に侵入している。

おそらくこれは、人為的な移動のなかでも意図的な植え込みによるものであろうと思われ、報告によると用土のミズゴケとともに明らかに植え込まれたとわかる形のものもあったという。

モウセンゴケ属やタヌキモ属のような日本にもいる属ならば日本の湿地に定着する種がいるのもわかるが、なかにはハエトリグサやサラセニア属のような日本には生育していない種まで侵入していることには驚きを隠せない。

岡山県の藤ヶ鳴湿原は愛知県のものと同じく湧水湿地であり、複数の食虫植物や貴重な湿原の植物が生育している。しかし、ここの湿原も前述の外来食虫植物が侵入しており、とくにナガエモウセンゴケの侵入が著しい（**図6－2、口絵⑯**）。このナガエモウセンゴケは北半球に広く分布する植物であり、二〇一六年に特定外来生物に指定されることになった。最新報告[255]でナガエモウセンゴケがトウカイコモウセンゴケに与える影響や、ナガエモウセンゴケの個体数の動向などが調査されている。トウカイコモウセンゴケが悪影響を受けている証拠はなかったが、ナガエモウセンゴケの個体数は急増したようだ。それに対し緊急に対策を講ずる必要があるとして、ナガエモウセンゴケの引き抜き活動を報告しており、ある程度の成果をあげているようだ。しかし、タヌキモ属ミミカキグサ類の侵入種に関しては、植物体が小さく在来のミミカキグサ類と絡みあうため、除去するときは在来種ごと除去しなければならない。このナガエ

＊5　雑草の外来種では、非意図的導入も大きな侵入経路となっている。たとえば、輸入穀物に混入し外来雑草種が日本に定着することが知られる。また、雑草種子は小さいものが多く、靴底に付着するなどして遠くに移動し、それが分布拡大の手助けとなることもある。

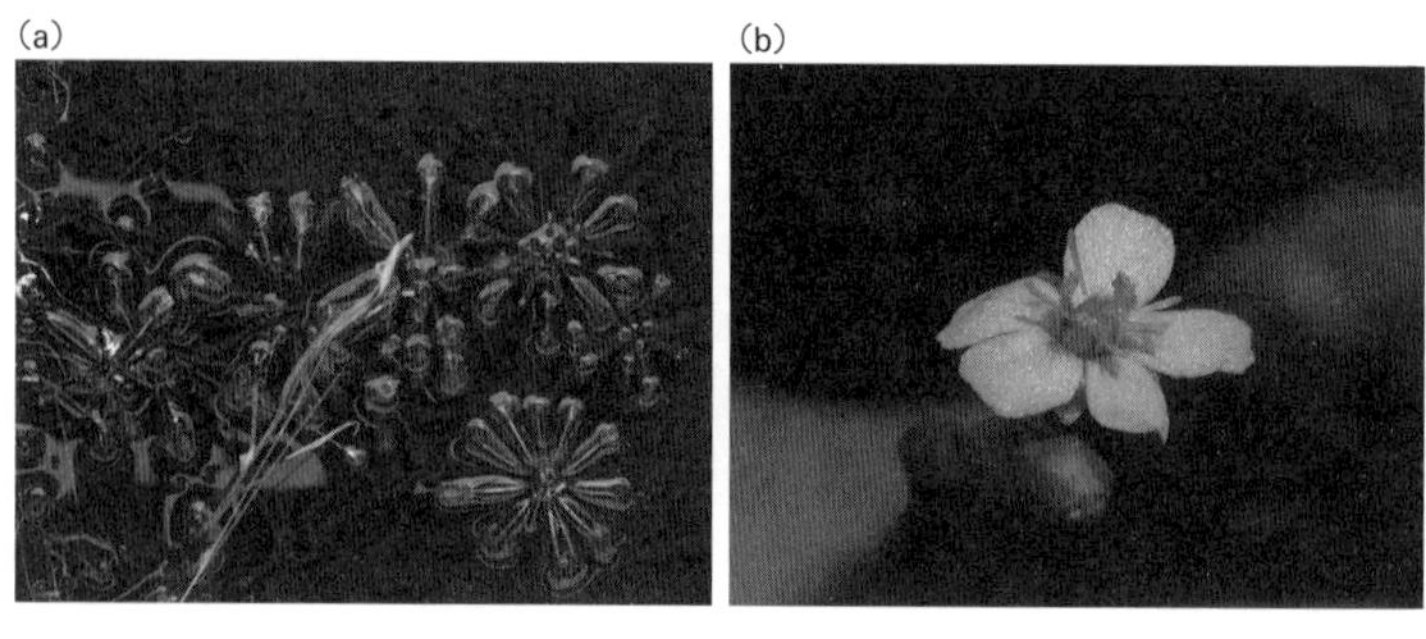

図6－2 (a) ナガエモウセンゴケ、(b) その花。ロゼットになる日本産のモウセンゴケ属と比較して、葉柄が長いのが特徴。また、モウセンゴケとやや形態が似ているが、葯が黄色いのも区別点となる。日本には自生しない種で、岡山の食虫植物自生地では外来種として問題となっている。

モウセンゴケは岡山だけでなく他の複数県の湿地にも生育が確認されており、二〇二三年には、滋賀でも生育していた。[256]

もうひとつ、外来食虫植物が繁茂している事例として静岡県の桶ヶ谷沼におけるエフクレタヌキモがある（**図6－3**）。エフクレタヌキモは、北米原産で二〇一六年にナガエモウセンゴケとともに特定外来生物指定の候補になったが、こちらは指定されることはなかった。エフクレタヌキモは遅くとも一九九〇年には桶ヶ谷沼に侵入が確認されており、[257]桶ヶ谷沼以外でも侵入が確認されている。[86]ほかのタヌキモ類が水面近くを浮遊するように生育するのとは対照的に、水底で立体的に空間を占有するような生育の仕方をするのが特徴である。[86]北米では本種の旺盛な生育力で、生態系への影響が大きいとして問題視されている。[258,259]アーバンら[259]がホシクサ科ホシクサ属の一種とエフクレタヌキモを温室条件で競合させたところ、エフクレタヌキモの存在に

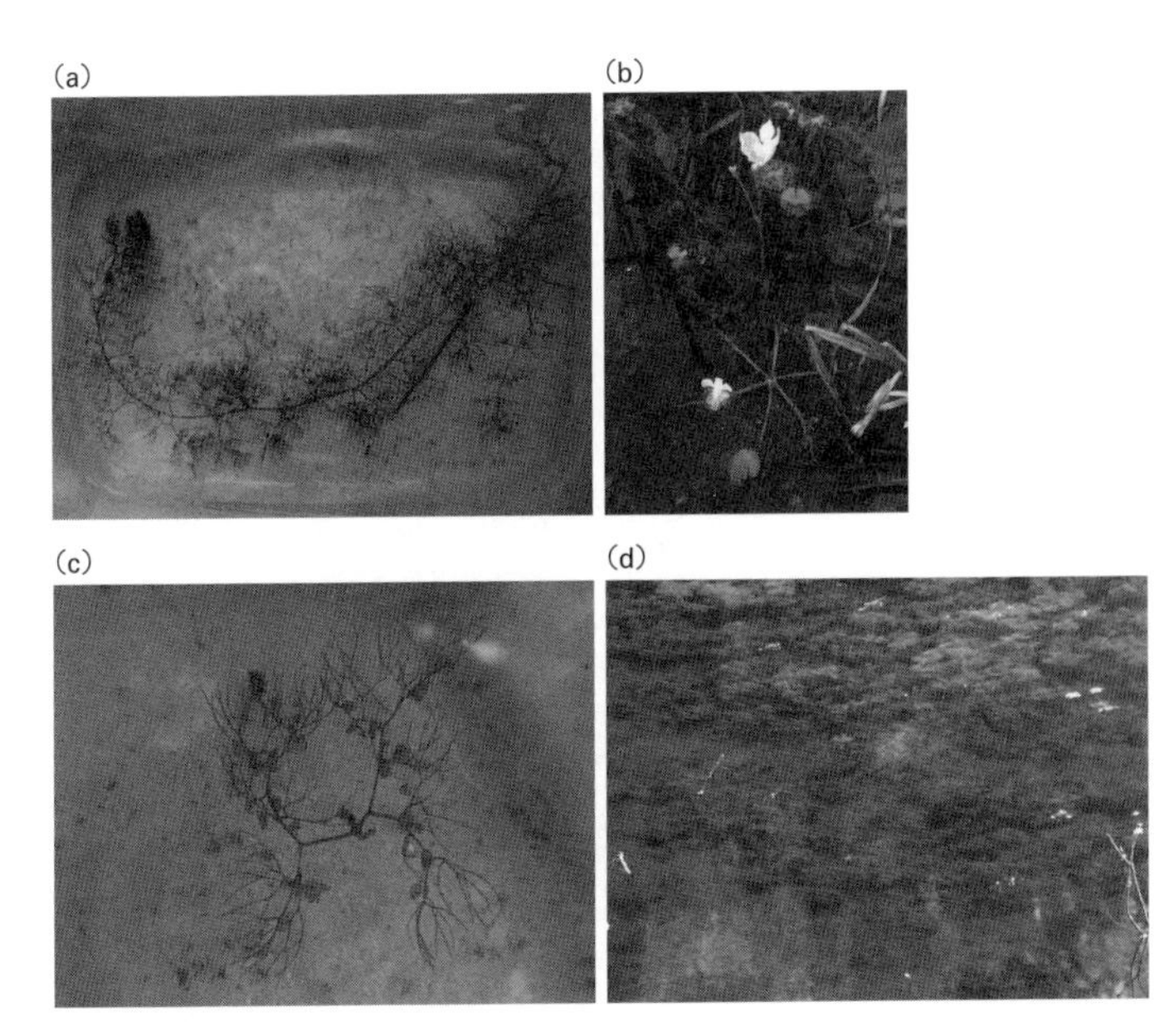

図 6－3 (a) エフクレタヌキモ、(b) その花、(c) 葉、および (d) 静岡県桶ヶ谷沼における生育状況。日本産のタヌキモと比較して、花弁下部が 3 深裂（三つに大きく切れ込む）すること（イヌタヌキモおよびタヌキモの花は口絵⑭⑰参照)、花茎の基部に膨らんだ葉を有すること、葉の 2 又分岐が顕著なことが特徴。水底に沈んでいる植物はみなエフクレタヌキモである。

よりホシクサは顕著に生育が阻害された。アーバンら[259]は、本種は水域の化学的性質の改変などを通して、生態系を変化させうるとも考えているようだ。日本では二〇一七年において、本種の生態系への影響が本格的に調査された研究はないが、その生育力は懸念材料となっている。[86]本種はその生育の仕方から、日本在来のタヌキモ類とは激しい競合をすることはないだろう。しかし、それ以上にアーバンら[259]が示したように水底に生育するほかの植物への影響のほうが大きいと考えられる。

京都府深泥池における浮島の問題：在来食虫植物の絶滅の原因

京都府の深泥池に浮かぶ浮島は低地にありながらも高層湿原の様相を呈しており、寒冷地生の希少な湿原の植物が生育している[260]（**口絵⑰**）。深泥池には河川流入がないため、おそらくはそれが貧栄養な環境を維持するのに寄与してきたのだろうと推定される。そして、貧栄養かつ酸性の環境のため、過去の寒冷な時期に形成された高層湿原が微生物による分解を受けずにきたと考えられる[260]。深泥池にはコモウセンゴケ、ノタヌキモ、フサタヌキモ、コタヌキモ、ヒメタヌキモ、ムラサキミミカキグサおよびムジナモ（巨椋(おぐら)池からの移植）が生育していたと考えられる[261,262,263]。現在は、上記の種は絶滅し、モウセンゴケ、ミミカキグサ、ホザキノミミカキグサ、イトタヌキモを残すのみとなっている[260]。さらには、二〇一六年現在は外来食虫植物であるオオバナイトタヌキモの侵入が認められる。

このように多くの食虫植物の姿が消えることになった原因は、水質の悪化や流入水の減少であると考えられている[260]。集水域の開発（道路建設）による酸性、貧栄養な流入水の減少と、生活排水・水道水の流入、生物への給餌による富栄養化が起こり、ミズゴケなどの深泥池の環境を形づくっていた生物に負の影響を与えている[260]。とくにミズゴケへの負の影響は重大であると考えられる。ミズゴケは水質を酸性化させる性質を持つため（3・2節参照）、食虫植物にとって生育に好適な環境を形づくる要素となる。しかし、アルカリに傾いた水や富栄養な水はミズゴケに不適であるとともに、食虫植物にとっても不適である。また、こういったpHの大きな水と富栄養な水はヨシやヒシなどの競争力の高い植物の侵入をもたらすことになる。[260] さらには、ヨシは地下深くまで地下茎を伸ばすことで浮島の浮き沈みを阻害し、浮島の富栄養な状態を維持してしまうため、[*6] 遷移を促進してしまう。[260]

前述のような環境要因に加えて、外来種と在来種の間の生育特性の違いも絶滅に寄与するであろう。外来食虫植物オオバナイトタヌキモが在来食虫植物タヌキモを駆逐するのではないかと危惧されている。同じ食虫植物であるのにこのような差が生じてしまうのはなぜだろうか。そのひとつの要因はオオバナイトタヌキモの生育可能な環境の広さであろうと考えられる。私の個人的観察であるが、オオバナイトタヌキモではタヌキモでは生育できないような環境でも生育しているように見える。たとえば、タヌキモは基本的に浮遊生であるが、オオバナイトタヌキモは浮遊する以外に、泥上でも生育でき、実際深泥池の周りで陸上生活をしているものも認められる。

タヌキモとは別種であるが、イヌタヌキモやオオバナイトタヌキモと形態のよく似ているイ

＊6　深泥池の浮島は貧栄養な環境が維持されているが、水域（池）は富栄養化しており、浮島が沈み、水域に浸かりつづけると富栄養な水が浸透して、浮島も富栄養化する。

トタヌキモをオオバナイトタヌキモと水槽で同じ光量で生育させたとき、イヌタヌキモやイトタヌキモは衰退したが、オオバナイトタヌキモは増殖した。これは、水槽内の光量が野外よりも明らかに少ないため、イヌタヌキモやイトタヌキモにとっては〝暗すぎて〟個体を維持できなかったが、その光量であってもオオバナイトタヌキモは問題なく生育できることを示している。競争の非対称性も影響を与えているかもしれない。オオバナイトタヌキモは水域のごく表層に浮遊し、タヌキモよりもより水面に近い。このことから、光をめぐる競争では、タヌキモよりもオオバナイトタヌキモのほうが有利になると考えられる。しかし、上記は個人的観察に過ぎないので、外来食虫植物の生育可能な環境の広さについて、数値化して明らかにしていく必要があるだろう。

6・3　日本の固有種、絶滅種、絶滅危惧種

日本に存在する食虫植物を表に列挙した（絶滅種を含む、**表6－1**）。現存種のうち環境省から絶滅危惧種指定を受けているのは二二種中一三種であり過半数である。それだけではない。環境省から指定を受けていなくても都道府県で指定されているものはもっと多い。ただし、これらの評価には注意するべきところがある。それは、必ずしも生育地が減少したからではなく、もともとの生息地がかなり狭いために絶滅危惧の評価を受けているものもあるであろうという

表6－1 日本に生息する食虫植物の一覧（絶滅種も含む、雑種は含まない）。●は環境省のカテゴリで絶滅危惧種指定を受けているものをさす。×は絶滅を示す（ムジナモの扱いについては本文参照）。なお環境省カテゴリで指定を受けていなくても都道府県で指定を受けているものは多い。

和名	学名	
ムジナモ	*Aldrovanda vesiculosa*	×
ナガバノモウセンゴケ	*Drosera anglica*	●
アカバナナガバノイシモチソウ	*Drosera indica*	●
シロバナナガバノイシモチソウ	*Drosera indica* f. *albiflora*	
イシモチソウ	*Drosera peltata* var. *nipponica*	●
モウセンゴケ	*Drosera rotundifolia*	
コモウセンゴケ	*Drosera spatulata*	
トウカイモウセンゴケ	*Drosera tokaiensis*	
コウシンソウ	*Pinguicula ramosa*	●
ムシトリスミレ	*Pinguicula vulgaris* var. *macroceras*	
ノタヌキモ	*Utricularia aurea*	●
イヌタヌキモ	*Utricularia australis*	●
ミミカキグサ	*Utricularia bifida*	
ホザキノミミカキグサ	*Utricularia caerulea*	
フサタヌキモ	*Utricularia dimorphantha*	●
イトタヌキモ	*Utricularia exoleta*	●
コタヌキモ	*Utricularia intermedia*	
ヤチコタヌキモ	*Utricularia ochroleuca*	
オオタヌキモ	*Utricularia macrorhiza*	●
ヒメタヌキモ	*Utricularia minor*	●
ヒメミミカキグサ	*Utricularia minutissima*	●
シャクジイタヌキモ	*Utricularia siakujiiensis*	×
ムラサキミミカキグサ	*Utricularia uliginosa*	●
タヌキモ	*Utricularia* x *japonica*	●

文献264より作成、改変。

点である（その例としては、後述する日本固有種のコウシンソウ）。すなわち、それが本当に絶滅に瀕しているかは、この表だけからはわからない。しかし京都府や愛知県の例にみられるように、実際に自生地が減少している事例も多数見受けられる。以下に、このリストに含まれるいくつかの種の特徴と現状を述べる。

コウシンソウとフサタヌキモは日本固有の種であり、いずれも絶滅危惧の指定を受けている。コウシンソウは栃木県の庚申山（こうしんざん）で見つかったことからその名前がつけられ、分布は栃木県と群馬県に限られている[12, 264]。フサタヌキモは現在、かなりの生育地が消失しており、もっとも絶滅が差し迫った種となってしまっている[86]（**口絵⑱**）。これらの種は、日本の特定の生育地に分布するものであり、もし絶滅してしまえばこの世から永遠に消えてしまう存在である。そういう意味では希少で、価値のある存在である（決して、ほかの種ならよいという意味ではないが）。コウシンソウはロゼット直径三センチメートル以下というきわめて小型の草本であるが、その花茎は葉の大きさに似合わず大きく伸び、葉と同様に粘液を分泌する。獲物を捕らえる効率はロゼットの大きさに依存すると考えられるので効率が悪そうである。しかし、花茎を伸ばす様子は、花茎でも獲物を捕らえて小型な草体を補っているようにも見える点で興味深い。フサタヌキモは生育地が比較的富栄養であるために食虫性を種分化のレベルで失っていると考えられ（第5章参照）、これは食虫植物の進化を議論するうえで重要な議題となりえる。

日本には希少な種がかろうじて生育している一方で、絶滅してしまった種もいる。それはムジナモとシャクジイタヌキモである。ムジナモ自体は世界に広く分布しており、また現在日本に生育していないわけではないが（**図6－4**）、これは愛好家によってかつて採集・維持されていたものを放流したものである。実際は、埼玉県羽生市宝蔵寺沼を最後の生育地として、一九六七年に絶滅した。つまり野生絶滅である。[86] 環境省レッドリストでは絶滅危惧（絶滅危惧IA類）[265] となっているが、それは本当の状態を反映しているとはいえない。ただし、本書を作成している間に石川県にて、ムジナモの野生集団が発見されたと報告があった。[266] ムジナモの野生での発見はきわめて絶望的に見えたが、これは勇気づけられる報告であり、私個人としてはこの人生のなかでも最大級にうれしい出来事だ。しかし、安心できる状況ではないことは、これまでの議論からも予測できることだ。シャクジイタヌキモは、かつて東京都の石神井（しゃくじい）公園にいたと考えられるタヌキモ類である。現在はオオタヌキモ（かつては、イヌタヌキモ）のシノニムとして扱うのが適切であるが、[257] 生育地のひとつが消失したことが、名前として残っている重要な事例といえるであろう。[*7] オオタヌキモは

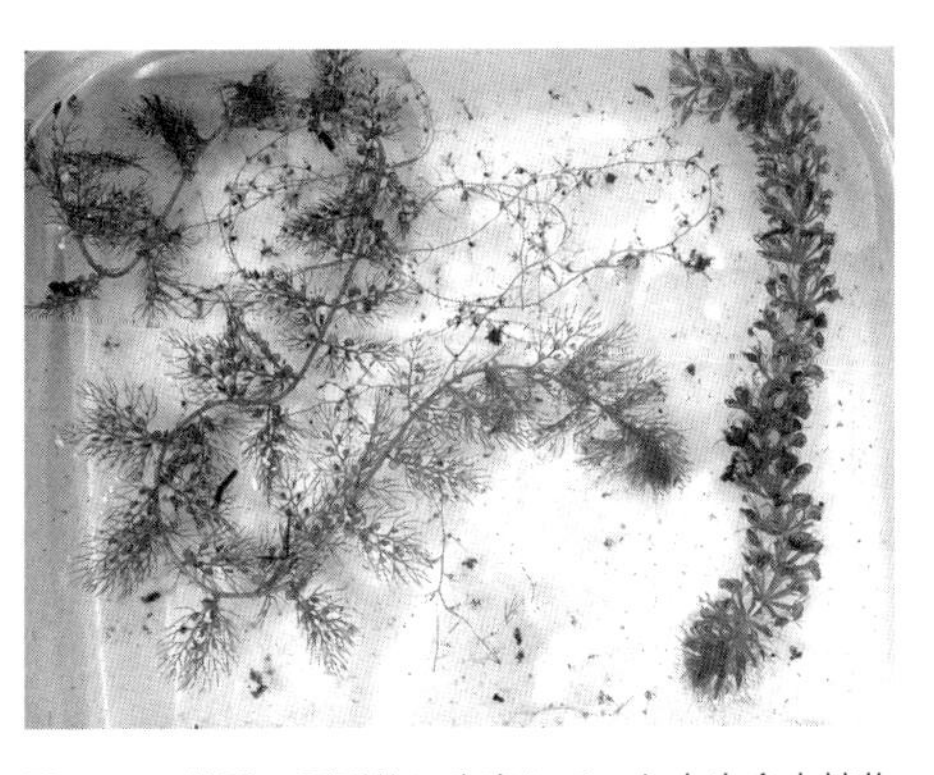

図6－4　某所に同所的に生育していた水生食虫植物。ムジナモ（右）、オオバナイトタヌキモ（中央上、細い植物体）、タヌキモもしくはイヌタヌキモ（左から中央下）。少なくともムジナモは国内外来種、オオバナイトタヌキモは国外外来種である。

日本では関東以北に産する植物であるが[82]、石神井公園個体群の絶滅時点では石神井公園が分布南端であった可能性もあり、その点でも貴重な個体群であったと考えられる。

シャクジイタヌキモに見られるような、地域個体群の絶滅という例なら、ほかにも多くの事例がある[260、263、268]。前述の通りかつての深泥地には今より多種の食虫植物が生育していたが、いまやいずれの種も認めることはできない。京都府においてほかには、ミミカキグサが二〇〇二年のカテゴリから悪化し、準絶滅危惧種となっている。一方で、これもまた勇気づけられることに、二〇〇二年で絶滅種とされていたフサタヌキモが、二〇一五年においては新産地が見つかり、カテゴリが改善された事例もある。しかし、京都府で認められる食虫植物は、いずれも絶滅種か絶滅危惧種の指定を受けているのが実情である。

6・4　食虫植物保全のこれから——食虫植物は植物学の教材となる

これまで見てきたように、食虫植物はその生育地の特殊性、脆弱性ゆえに、その存続が危機にさらされている。食虫植物の保全に向けて、どのような手段を講じていくべきだろうか。前述したように、食虫植物の絶滅は、人間生活の利便性の増加に密接に絡んでいる。なんの代替的補償もなしに、食虫植物の絶滅を止めようと策を講じることは、人間生活に影響が出てしまうのである。これは難しい問題である。

私が考える対応策は、月並みであるが、「食虫植物」という存在について、多くの人にアウトリーチすることで、食虫植物に興味を持ってもらうことが先決なのではないかと考えている。食虫植物はほかの植物に比べたら、十分に知られている、と考える人もいるだろう。たしかに、ここまで紹介したように、その稀有な生態でメディア露出が多い植物であると思う。一方で、「虫を食べる」という珍しい性質にばかり注目され、その食虫性と生育地の関係、進化の道筋や、保全の状況まで着目したメディアはそれほど多くない。食虫性に興味を持ってもらったら、食虫植物がなぜ食虫性を獲得するに至ったか、食虫性と密接に絡む環境とは何かを発信し、理解してもらいたいと考えている。そして、もし食虫植物が絶滅すれば、食虫性という興味深い現象について人間が理解する機会を失うことを知ってもらうことで、食虫植物の保全への機運が高まるのではないだろうか。

また、食虫植物は、それそのものに限らず、あらゆる植物への興味の入り口になると期待している。食虫植物が興味の対象となるのは、〝植物なのに〟虫を食べる、という、人間から考え

＊7　ところで、イヌタヌキモ、タヌキモおよびオオタヌキモの識別点は花の距の長さであり（それぞれ、距が短い、中間および長い）、未開花個体の同定は困難である。オオタヌキモの日本における生育がはっきりと認識されるのは一九九七〜二〇〇六年にかけて（文献269、270）であり、それまではオオタヌキモはタヌキモもしくはイヌタヌキモと区別されていなかった思われる〔たとえば、田村（文献271）〕。したがって、もしかすればオオタヌキモと認識されないまま絶滅していった個体群も存在していたかもしれない。

るとやや〝ちぐはぐ〟な性質ゆえだろう。私にしてみると、あまり注目されていないだけで、多くの植物は一般の認識以上に、〝ちぐはぐ〟で、〝変〟な性質を持っている。とはいえ、いきなり身近でもない、名前も聞いたことのない植物の生態について紹介されても、実感が湧かないこともあるだろう。食虫植物は、メディア露出も多く、名前くらいは聞いたことがある人も多い。そんな人に向けて、食虫植物は、植物の奥深い生態を紹介する教材となると考えている。私が担当する学部生向け授業でアンケートを取ってみると、植物を「生物」とすら認識していない学生がいる。驚くべきことかもしれないが、案外多くの人にとってはそういう認識なのかもしれない。そんな学生に食虫植物を中心とした、さまざまな植物の生態を紹介するとたいへん興味を惹くことができ、授業後には「植物がさまざまな戦略を使って生きていることを実感できた」とコメントをもらえる。このような利用の仕方も、食虫植物が絶滅してしまっては、不可能となるだろう。

＊　＊　＊

食虫植物の保全問題について紹介した。日本の事例では三つ大きな問題を取り上げ、最後には日本に存在する食虫植物について述べた。保全問題は決して単純な問題ではない。そこに何らかの価値を見いださなければ、保全はできないのである。紹介した自生地は、これからどういう形で保全が実行されていくかはわからない。しかし、日本に住む人間である以上、私自身はそういった自生地が守られることを切に願っている。

コラム7

私と食虫植物

本書のコラムでは、本編で扱うには脱線した内容やより突っ込んだ内容を記載させていただいているが、最後のコラムでは編集者さんのお願いで私について簡単に書くことになった。本書では、私が偉そうに食虫植物について解説しているが、食虫植物の研究をメインで行っているわけではない。研究テーマは、学生時代は雑草、いまはモデル植物を対象に行っている。本書はあくまで、私の趣味的なサイドワークである。大学に入学して、英語の論文が取り放題になったため、昔から気になっていたことを片っ端から調べた結果できたのがこの本だ。研究者というのは、多かれ少なかれ自分の研究材料が好きだから、直接自分で材料を研究している。私のように好きだけど、意図的にサイドワークに徹する人はそう多くはないだろう。大学院進学を悩んでいたころに、とある先生（この方も植物学を志すきっかけとなった恩師だ）に食虫植物の研究ができるか相談をした。するとその先生は、当時から精鋭の食虫植物の研究者であった福島健児さんの名前を挙げ、「野村君、生まれるのが数年遅かったたね」とおっしゃったのだ。当時の私も「確かに」と考え、メインの研究は別に据えて、食虫植物はサイドワークとなった。これが私の食虫植物への関わり方であり、これでも十分に楽しく〝研究〟できている。なにも研究というのは、材料を切ったりはったりするだけではないし、文献調査も立派な研究だ。最終的に、食虫植物との関わり方として心地よい距離感におちついたように思う。まあ以前、私が「雑草とか、ほかの植物は仕事で、食虫植物は趣味ですね」というと、知り合いの小説家に「マラソンが仕事ですけど、短距離走は趣味です、みたいなことといわれても、(違いがわからなくて)一般人からは理解できない」といわれてしまったが。

私が食虫植物に興味を持つきっかけとなったのは、両親が変わった生き物が好きで、よく私に買い与えていたからである。とはいえ、小学生ごろには、動く変な植物くらいの認識で、中学生になってはじめて本格的な興味を抱いた。このあたりで私は生物全般に興味を持っていたが、そのなかで動物以上に植物に強い興味をそそられていた。動物と違って、植物は自らに不都合なことが起こっても、逃げることはできない。動物である人間にとって、想像しがたいそのような状況のなか、植物はどのような戦略のもと生存しているか、それが気になって仕方なかったのだ。それを考えるうえで、戦略の内容が比較的わかりやすい食虫植物は、題材として扱いやすいということでこれまで文献調査をつづけてきた。そういう意味では、食虫植物そのもの以上に植物の生存戦略全般に興味を持っているともいえる。そのあたりは、もしかすればみなさんが想像する一途な食虫植物好きや、いわゆるマニアとは違う部分かもしれない。

もちろん、私は食虫植物のことが大好きだ。食虫植物の栽培も行っている。中学生のころにウツボカズラの一種ネペンテス・アラタを栽培しはじめ、いまだにその株を維持しつづけている。じつに二〇年近いつき合いだ。そして、食虫植物を観察するのが大好きで、いまだに発見がある。たとえば、二〇二〇年六月にサラセニア・ミノールの捕虫器を観察していたら、粘液を分泌している部分を発見した（**図6-5**）。たぶん、蜜腺だと思うのだが、こんなところに蜜腺があるなんて聞いたことがない。何か意味があるのかもしれない。

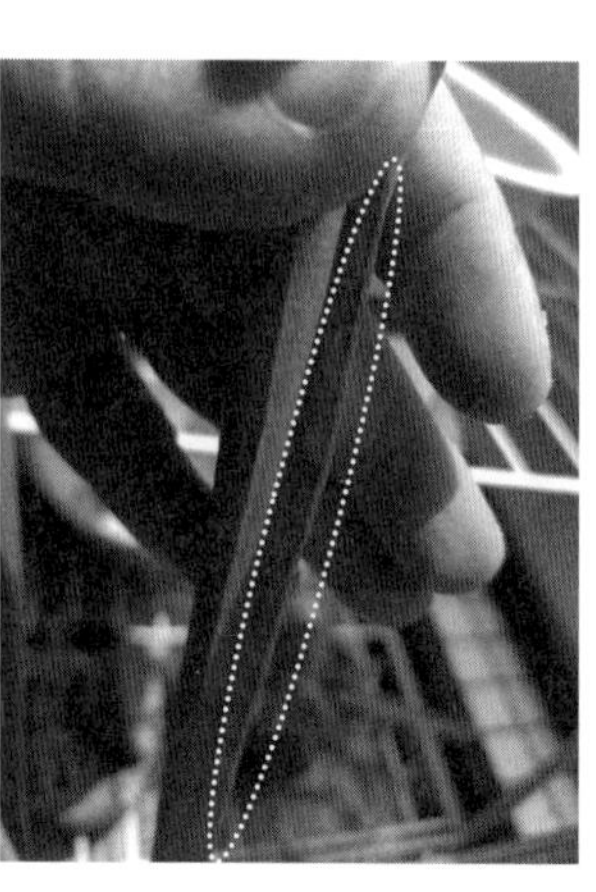

図6-5　サラセニア・ミノールのキール部分に見られる巨大な蜜腺と思われる組織（点線部）。

そして、食虫植物が好きだからこそ、こうやって本書を執筆してきた。書きはじめてから、もう五年以上は経過していると思う。はじめは誰に見せるつもりでもなく、「はじめに」に書いたように自分の覚書の意味合いが強かった。しかしながら、大学生のときのサークルや現在の研究室に恵まれ、このように人目に触れる流れとなった。もし、人目に触れるなら、ぜひとも食虫植物に興味を持ってもらいたいし、食虫植物の誤解も解きたい。そういう思いで執筆を進めた。

このような私の生き方が、誰かの参考になるかはわからない。しかしながら、こういうつき合い方もあるよ、という一例を示せればこのコラムの意味もあろうというものだ。

おわりに――より幅広い人に食虫植物を知ってもらうために

私の覚書の意味もあるものの、アカデミア以外の方に対して敷居を低くできないであろうか、というモチベーションで本書は書かれている。いくら英語でよい文献が出ているといっても、日本人にとってはそのハードルはきわめて高い。私もこれらの文献をひーひー言いながら読んだ（笑）。「好きこそものの上手なれ」とはよくいったもので、好きだからこそここまで書き進められたのだと思っている。「はじめに」の繰り返しになって恐縮だが、食虫植物の正しい知識が一般に浸透しているかといえば、まだまだ先は遠いように思える。しかし、第6章の最後で議論したように、食虫植物はそれそのものだけでなく、植物という生き物を理解するうえで画期的な材料だ。本書をとおして食虫植物に興味がわいた方がいれば、ぜひともいろんな人とその知識を分かち合ってほしい。知識の共有が、さらに多くの人の生物への興味をそそっていくことだろう。多くの人が生物に興味を持ち、楽しんでいけるような世界になることは、生物学者としては至極幸せなことである。

私のようなシロウトの文ではなく、プロの文が読みたいという方は巻末に参考文献・引用文献を列挙したので参考にされたい。日本語の書籍では、以下のようなものがとくに生態学、進化学的にバランスよく記述されている。『カラー版食虫植物図鑑』や田辺氏の本は写真を眺めるにはよい本である。残りについては学術書であり、最新の知見に近いため、一読をオススメする。そして、偶然にも本書の前年に、食虫植物の精鋭研究者の福島健児氏が本を出版された。私とは異なる視点で描かれる書籍であり、こちらもぜひ読んでほしい。

『カラー版食虫植物図鑑』（近藤勝彦・近藤誠宏 著、２００６、家の光協会）
『進化の謎をゲノムで解く』の福島健児氏・長谷部光泰氏の担当部分（長谷部光泰 監修、２０１５、秀潤社）
『生物の科学 遺伝』（70巻4号）の長谷部光泰氏の担当部分（２０１６、ＮＴＳ）
『育て方がよくわかる世界の食虫植物図鑑』（田辺直樹 著、２０１９、日本文芸社）
『食虫植物―進化の迷宮をゆく』（福島健児 著、２０２２、岩波書店）

英語が読めるのであれば、バースロットらの"*The Curious World of Carnivorous Plants*"（2007, Timber Press）が新しい本のなかで、写真も多く、学術的であるためバランスがよくオススメである。本書も、とくにコラム１の食虫植物の発見の歴史においては、バースロットらの書籍の翻訳に近い形になっている。本書では二〇〇七年以降の業績をなるべく取り入れるように努力し、バースロットらの書籍と差別化を図っている。より学術に重きを置いたものならば、エリソンとアダメックが編著した“*Carnivorous Plants Physiology, Ecology and Evolution*”（2018, Oxford University Press）がオススメである。各章で、それぞれの専門家たちがたっぷりと総説を書いてくれている。これを読んだら食虫植物の、生理学、生態学および進化学の最先端を一括で学ぶことができるだろう。

本書は、二〇一五年にかつて所属していた京都大学野生生物研究会において、いわば〃同人誌〃的に出版させていただいたものに二〇一五年以降の新たな知見を加えたものである。同時に本書では、日本においてとくに知見の普及が進んでいないと推定される食虫植物の生態と進化に重点を置いた内容とするために、当時の第2章、第3章の各論的内容を削除した。また、専門性の高いと考えられる内容も削除、あるいは平易な内容に置き換えている。以前の版をご存じの方はご承知おきいただきたい。

本書の作成にあたっては、これまで多くの人のご助力をいただいている。野生生物研究会での発行は、二〇一五年度編集長森泉氏と会長武田和也氏、野生生物会員諸氏の賛同がなければありえなかった。本誌の校正には、会員やOB諸氏が協力をしてくれた。また、有志で校正を引き受けてくれた小寺雄大氏の存在も大きい。本誌の内容は、多くの人との議論の影響を受けてつくられている。そのすべてを挙げることはできないが、とくに多くの時間を過ごした京都大学雑草学研究室での同期や後輩との議論は重要であったと考えている。上記の方々には、多大な感謝の意を表する。

本書の出版にあたっては、龍谷大学永野惇博士は前版に興味を持ってくださり、出版に向けて化学同人との仲立ちをしてくださった。そして、最後となってしまったが、編集者である津留貴彰氏には原稿を通読していただき、さまざまなアドバイスをいただき、辛抱強く原稿を待っていただいた。上記の方々には、多大な感謝の意を表する。

本書を読んでいて何か気づいたことがあれば、ぜひご連絡をいただければと思います。ないようにと気をつけていますが、誤字脱字、用語の使い方が変、その他何かしらの間違いなど、そういうことがあれば。純粋な意見、感想なども、待っております。

野村　康之

引用文献

各章ごとにその章で初出の文献をまとめている．引用文献の番号が小さいものはより前の章で引用しているので，参考にしてほしい．

序章

（1）Buch F et al.（2013）. Secreted pitfall-trap fluid of carnivorous *Nepenthes* plants is unsuitable for microbial growth. *Ann Bot*. **111**: 375-383.
（2）Barthlott W et al.（2007）. *The Curious World of Carnivorous Plants: A Comprehensive Guide to Their Biology and Cultivation*. Timber Press.
（3）Rice B.（2006）. *Growing Carnivorous Plant*. Timber Press.
（4）Darwin C.（1875）. *Insectivorous Plants*. New York University Press.
（5）Green S et al.（1979）. Seasonal heterophyllly and leaf gland features in *Triphyophyllum*（Dioncophyllaceae）, a new carnivorous plant genus. *Bot J Linn Soc*. **78**: 99-116.
（6）Givnish TJ et al.（1984）. Carnivory in the bromeliad *Brocchinia reducta*, with a cost/benefit model for the general restriction of carnivorous plants to sunny, moist, nutrient-poor habitats. *Am Nat*. **124**: 479-497.
（7）Barthlott W et al.（1998）. First protozoa-trapping plant found. *Nature*. **392**: 447.
（8）Pereira CG et al.（2012）. Underground leaves of *Philcoxia* trap and digest nematodes. *PNAS*. **109**: 1-5.
（9）Lloyd FE.（1942）. *The Carnivorous Plants*. Chronica Botanica Company.
（10）Juniper BE et al.（1989）. *The carnivorous plants*. Academic Press.

第1章

（11）International Carnivorous Plant Society. 2019. What are Carnivorous Plants? https://www.carnivorousplants.org/cp/carnivory/what [accessed 9 Jan 2021]
（12）田辺直樹（2009).『食虫植物の世界 420 種 魅力の全てと栽培完全ガイド』エムピージェー.
（13）Rice BA.（2011）. What exactly is a carnivorous plant? *Carniv Plant Newsl*. **40**: 19-23.
（14）Gaume L et al.（2016）. Different pitcher shapes and trapping syndromes explain resource partitioning in *Nepenthes* species. *Ecol Evol*. **6**: 1378-1392.
（15）Płachno BJ et al.（2008）. Prey attraction In carnivorous *Genlisea*（Lentibulariaceae）. *Acta Biol Cracoviensia Ser Bot*. **50**: 87-94.
（16）Ellis AG, & Midgley JJ.（1996）. A new plant-animal mutualism involving a plant with sticky leaves and a resident hemipteran insect. *Oecologia*. **106**: 478-481.
（17）Chase MW et al.（2009）. Murderous plants: Victorian Gothic, Darwin and modern insights into vegetable carnivory. *Bot J Linn Soc*. **161**: 329-356.
（18）Anderson B.（2005）. Adaptations to foliar absorption of faeces: A pathway in plant carnivory. *Ann Bot*. **95**: 757-761.
（19）Płachno BJ et al.（2006）. Fluorescence labelling of phosphatase activity in digestive glands of carnivorous plants. *Plant Biol*. **8**: 813-820.
（20）Adlassnig W et al.（2011）. Traps of carnivorous pitcher plants as a habitat:

Composition of the fluid, biodiversity and mutualistic activities. *Ann Bot*. **107**: 181-194.
(21) Ellison AM, & Farnsworth EJ. (2005). The cost of carnivory for *Darlingtonia californica* (Sarraceniaceae): evidence from relationships among leaf traits. *Am J Bot*. **92**: 1085-1093.
(22) 近藤勝彦, 近藤誠宏 (2006). 『カラー版食虫植物図鑑』家の光協会.
(23) 食虫植物研究会 編 (2003). 『世界の食虫植物』誠文堂新光社.
(24) Płachno BJ et al. (2009). Mineral nutrient uptake from prey and glandular phosphatase activity as a dual test of carnivory in semi-desert plants with glandular leaves suspected of carnivory. *Ann Bot*. **104**: 649-654.
(25) Nishi AH et al. (2013). The role of multiple partners in a digestive mutualism with a protocarnivorous plant. *Ann Bot*. **111**: 143-150.
(26) Radhamani TR et al. (1995). Defense and carnivory: Dual role of bracts in *Passiflora foetida*. *J Biosci*. **20**: 657-664.
(27) Darnowski DW et al. (2006). Evidence of protocarnivory in triggerplants (*Stylidium* spp.; Stylidiaceae). *Plant Biol*. **8**: 805-812.
(28) Adamec L. (2013). Foliar mineral nutrient uptake in carnivorous plants: what do we know and what should we know? *Front Plant Sci*. **4**: 1-3.
(29) Anderson B et al. (2012). Sticky plant captures prey for symbiotic bug: Is this digestive mutualism? *Plant Biol*. **14**: 888-893.
(30) Alcalá RE et al. (2010). An experimental test of the defensive role of sticky traps in the carnivorous plant *Pinguicula moranensis* (Lentibulariaceae). *Oikos*. **119**: 891-895.
(31) Sugiura S, & Yamazaki K. (2006). Consequences of scavenging behaviour in a plant bug associated with a glandular plant. *Biol J Linn Soc*. **88**: 593-602.
(32) Frank JH, & O'Meara GF. (1984). The bromeliad *Catopsis berteroniana* traps terrestrial arthropods but harbors Wyeomyia larvae (Diptera: Culicidae). *Florida Entomol*. **67**: 418-424.
(33) Gaume L et al. (2004). How do plant waxes cause flies to slide? Experimental tests of wax-based trapping mechanisms in three pitfall carnivorous plants. *Arthropod Struct Dev*. **33**: 103-111.
(34) Hartmeyer S. (1997). Carnivory of *Byblis* revisited-A simple method for enzyme testing on carnivorous plants. *Carniv Plant Newsl*. **26**: 39-45.
(35) Płachno BJ et al. (2007). Functional ultrastructure of *Genlisea* (Lentibulariaceae) digestive hairs. *Ann Bot*. **100**: 195-203.
(36) Hess S et al. (2005). Evidence of zoophagy in a second liverwort species, *Pleurozia purpurea*. *Bryologist*. **108**: 212-218.
(37) 清水建美 (2001). 『図説 植物用語事典』八坂書房.
(38) 八杉龍一ほか (1997). 『岩波生物学辞典 第4版』岩波書店.

第2章

(39) Schaefer HM, & Ruxton GD. (2008). Fatal attraction: carnivorous plants roll out the red carpet to lure insects. *Biol Lett*. **4**: 153-5.
(40) Schaefer HM, & Ruxton GD. (2014). Fenestration: a window of opportunity for

carnivorous plants. *Biol Lett*. **10**: 20140134.
(41) Kurup R et al. (2013). Fluorescent prey traps in carnivorous plants. *Plant Biol*. **15**: 611-615.
(42) Bennett KF, & Ellison AM. (2009). Nectar, not colour, may lure insects to their death. *Biol Lett*. **5**: 469-72.
(43) Bauer U et al. (2008). Harmless nectar source or deadly trap: *Nepenthes* pitchers are activated by rain, condensation and nectar. *Proc R Soc B*. **275**: 259-65.
(44) Bohn HF, & Federle W. (2004). Insect aquaplaning: *Nepenthes* pitcher plants capture prey with the peristome, a fully wettable water-lubricated anisotropic surface. *PNAS*. **101**: 14138-14143.
(45) Gorb E et al. (2005). Composite structure of the crystalline epicuticular wax layer of the slippery zone in the pitchers of the carnivorous plant *Nepenthes alata* and its effect on insect attachment. *J Exp Biol*. **208**: 4651-4662.
(46) Ratsirarson J, & Silander JAJ. (1996). Structure and dynamics in *Nepenthes madagascariensis* pitcher plant micro-communities. *Biotropica*. **28**: 218-227.
(47) Mody NV. et al. (1976). Isolation of the insect paralyzing agent coniine from *Sarracenia flava*. *Experientia*. **32**: 829-830.
(48) Gowda DC et al. (1982). Structural features of an acidic polysaccharide from the mucin of *Drosera binata*. *Phytochemistry*. **21**: 2297-2300.
(49) Gowda DC et al. (1983). Structural studies of an acidic polysaccharide from the mucin secreted by *Drosera capensis*. *Carbohydr Res*. **113**: 113-124.
(50) Simoneit BRT et al. (2008). Triterpenoids as major components of the insect-trapping glue of *Roridula* species. *Zeitschrift fur Naturforsch - Sect C J Biosci*. **63**: 625-630.
(51) Cameron KM et al. (2002). Molecular evidence for the common origin of snap-traps among carnivorous plants. *Am J Bot*. **89**: 1503-1509.
(52) Kreuzwieser J, & Rennenberg H. (2014). Molecular and physiological responses of trees to waterlogging stress. *Plant, Cell Environ*. **37**: 2245-2259.
(53) Forterre Y. (2013). Slow, fast and furious: Understanding the physics of plant movements. *J Exp Bot*. **64**: 4745-4760.
(54) Markin VS et al. (2008). Active movements in plants. *Plant Signal Behav*. **3**: 778-783.
(55) Williams SE, & Bennett AB. (1982). Leaf closure in the venus flytrap: an Acid growth response. *Science*. **218**: 1120-2.
(56) Colombani M, & Forterre Y. (2011). Biomechanics of rapid movements in plants: poroelastic measurements at the cell scale. *Comput Methods Biomech Biomed Engin*. **14**: 115-117.
(57) Hodick D, & Sievers A. (1989). On the mechanism of trap closure of Venus flytrap (*Dionaea muscipula* Ellis). *Planta*. **179**: 32-42.
(58) Durak GM et al. (2022) Shapeshifting in the Venus flytrap (*Dionaea muscipula*): Morphological and biomechanical adaptations and the potential costs of a failed hunting cycle. *Front Plant Sci*. **13**: 970320. doi: 10.3389/fpls.2022.970320.
(59) Sachse R et al. (2020) Snapping mechanics of the Venus flytrap (*Dionaea muscipula*). *PNAS* **117**: 16035-16042.

(60) Mano H & Hasebe M (2021) Rapid movements in plants. *J Plant Res*. **134**: 3–17.
(61) Jaffe MJ. (1973). The role of ATP in mechanically stimulated rapid closure of the venus's flytrap. *Plant Physiol*. **51**: 17–18.
(62) Pavlovič A et al. (2010). Trap closure and prey retention in Venus flytrap (*Dionaea muscipula*) temporarily reduces photosynthesis and stimulates respiration. *Ann Bot*. **105**: 37–44.
(63) Poppinga S, & Joyeux M. (2011). Different mechanics of snap-trapping in the two closely related carnivorous plants *Dionaea muscipula* and *Aldrovanda vesiculosa*. *Phys Rev E*. **84**: 1–7.
(64) Adamec L. (2006). Respiration and photosynthesis of bladders and leaves of aquatic *Utricularia* species. *Plant Biol*. **8**: 765–769.
(65) Ellison AM, & Adamec L. (2011). Ecophysiological traits of terrestrial and aquatic carnivorous plants: Are the costs and benefits the same? *Oikos*. **120**: 1721–1731.
(66) Meyers DG, & Strickler JR. (1979). Capture enhancement in a carnivorous aquatic plant: Function of antennae and bristles in *Utricularia vulgaris*. *Science*. **203**: 1022–1025.
(67) Adamec L. (2003). Zero water flows in the carnivorous genus *Genlisea*. *Carniv Plant Newsl*. **32**: 46–48.
(68) Adamec L. (2007). Oxygen concentrations inside the traps of the carnivorous plants *Utricularia* and *Genlisea* (Lentibulariaceae). *Ann Bot*. **100**: 849–856.
(69) Foot G et al. (2014). Red trap colour of the carnivorous plant *Drosera rotundifolia* does not serve a prey attraction or camouflage function. *Biol Lett*. **10**: 20131024.
(70) Ichiishi S et al. (1999). Effects of macro-components and sucrose in the medium on in vitro red-color pigmentation in *Dionaea muscipula* Ellis and *Drosera spathulata* labill. Plant Biotechnology. pp. 235–238.
(71) Bauer U. et al. (2012) With a flick of the lid: A novel trapping mechanism in *Nepenthes gracilis* pitcher plants. *PLoS One* **7**: e38951.
(72) Poppinga S et al. (2013). Trap diversity and evolution in the family Droseraceae. *Plant Signal Behav*. **8**: e24685.
(73) Poppinga S et al. (2012). Catapulting tentacles in a sticky carnivorous plant. *PLoS One*. **7**: 1–5.
(74) Moran JA et al. (2012). The use of light in prey capture by the tropical pitcher plant *Nepenthes aristolochioides*. *Plant Signal Behav*. **7**: 957–60.
(75) Gaume L, & Forterre Y. (2007). A viscoelastic deadly fluid in carnivorous pitcher plants. *PLoS One*. **2**: e1185.
(76) Salmon B, & Bruce S. (1993). Some observations on the trapping mechanisms of *Nepenthes inermis* and *N. rhombicaulis*. *Carniv Plant Newsl*. **21**: 11–12.

第3章

(77) 巌佐庸 (1998).『数理生物学入門—生物社会のダイナミックスを探る』共立出版.
(78) 竹中明夫 (2004).「光を受ける植物のかたち」『植物生態学— Plant Ecology』(寺

島一郎ほか編）朝倉書店，pp. 81-113.
(79) Adamec L. (1997). Photosynthetic characteristics of the aquatic carnivorous plant *Aldrovanda vesiculosa*. *Aquat Bot*. **59**: 297-306.
(80) Adamec L. (2010). *Ecophysiological look at plant carnivory: Why are plants carnivorous?* All Flesh Is Grass. pp. 455-489.
(81) Benzing DH. (2000). *Bromeliaceae: Profile of an Adaptive Radiation*. Benzing DH, editor. Cambridge University Press.
(82) Moran JA et al. (2003). From carnivore to detritivore? Isotopic evidence for leaf litter utilization by the tropical pitcher plant *Nepenthes ampullaria*. *Int J Plant Sci*. **164**: 635-639.
(83) Pavlovič A et al. (2011). Nutritional benefit from leaf litter utilization in the pitcher plant *Nepenthes ampullaria*. *Plant, Cell Environ*. **34**: 1865-1873.
(84) Paniw M et al. (2017). Plant carnivory beyond bogs: reliance on prey feeding in *Drosophyllum lusitanicum* (Drosophyllaceae) in dry Mediterranean heathland habitats. *Ann Bot*. **119**: 1035-1041.
(85) Skates LM et al. (2019). An ecological perspective on 'plant carnivory beyond bogs': nutritional benefits of prey capture for the Mediterranean carnivorous plant *Drosophyllum lusitanicum*. *Ann Bot*. **124**: 65-76.
(86) 角野康郎（2014).『日本の水草』文一総合出版.
(87) Zamora R et al. (1997). Resources of a carnivorous plant to prey and inorganic nutrients in a Mediterranean environment. *Oecologia*. **111**: 443-451.
(88) Brewer JS. (1999). Short-term effects of fire and competition on growth and plasticity of the yellow pitcher plant, *Sarracenia alata* (Sarraceniaceae). *Am J Bot*. **86**: 1264-1271.
(89) Ellison AM et al. (2003). The evolutionary ecology of carnivorous Plants. *Adv Ecol Res*. **33**: 1-74.
(90) Ellison AM, & Gotelli NJ. (2001). Evolutionary ecology of carnivorous plants. *Trends Ecol Evol*. **16**: 623-629.
(91) Ellison AM. (2006). Nutrient limitation and stoichiometry of carnivorous plants. *Plant Biol*. **8**: 740-747.
(92) Brewer JS. (2003). Why don't carnivorous pitcher plants compete with non-carnivorous plants for nutrients? *Ecology*. **84**: 451-462.
(93) Brewer JS. (2001). Demographic analysis of fire-stimulated seedling establishment of *Sarracenia alata* (Sarraceniaceae). *Am J Bot*. **88**: 1250-1257.
(94) 原口昭（2008).「湿地生態系の化学的攪乱と植物遷移」『攪乱と遷移の自然史―「空き地の生態学」』（重定南奈子，露崎史朗 編）北海道大学出版会，pp. 127-148.
(95) 岩熊敏夫（2010).「湿地の定義」『湿地環境と作物―環境と調和した作物生産をめざして』（坂上潤一ほか編）養賢堂，pp. 1-11.
(96) 井上智美（2010).「水生植物の生態と栄養吸収機能」『湿地環境と作物―環境と調和した作物生産をめざして』（坂上潤一ほか編）養賢堂，pp. 42-49.
(97) テイツ L，ザイガー E.（2004).『テイツザイガー植物生理学 第3版』（西谷和彦，島崎研一郎 編）培風館.
(98) Adamec L. (1997). Mineral nutrition of carnivorous plants: A review. *Bot Rev*. **63**: 265-272.

(99) 大崎満（2004).「植物の栄養生態」『植物生態学— Plant Ecology』（寺島一郎ほか編）朝倉書店，pp. 114-155.
(100) 彦坂幸毅（2004).「光合成過程の生態学」『植物生態学— Plant Ecology』（寺島一郎ほか編）朝倉書店，pp. 42-80.
(101) 浜島繁隆（2006).『知多半島の植物誌』トンボ出版.
(102) Brewer JS. (1998). Effects of competition and litter on a carnivorous plant, *Drosera capillaris* (Droseraceae). *Am J Bot*. **85**: 1592-1596.
(103) Brewer JS. (1999). Effects of competition, litter, and disturbance on an annual carnivorous plant (*Utricularia juncea*). *Plant Ecol*. **140**: 159-165.
(104) Gibson TC, & Waller DM. (2009). Evolving Darwin's "most wonderful" plant: Ecological steps to a snap-trap. *New Phytol*. **183**: 575-587.
(105) Muller J, & Deil U. (2001). Ecology and structure of *Drosophyllum lusitanicum* (L.) link populations in the south-western of the Iberian peninsula. *Acta Bot Malacit*. **26**: 47-68.
(106) Opel MR. (2005). *Roridula*, a carnivorous shrub from south Africa. *Carniv Plant Newsl*. **34**.
(107) Conran JG et al. (2002). A revision of *Byblis* (Byblidaceae) in south-western Australia. *Nuytsia*. **15**: 11-19.
(108) 小池文人ほか（2003).「東北地方南部の湧水湿地群におけるミミカキグサとホザキノミミカキグサのメタ個体群」『保全生態学研究』**8**: 43-49.
(109) Gotelli NJ, & Ellison AM. (2002). Nitrogen deposition and extinction risk in the northern pitcher plant, *Sarracenia purpurea*. *Ecology*. **83**: 2758-2765.
(110) Jennings DE, & Rohr JR. (2011). A review of the conservation threats to carnivorous plants. *Biol Conserv*. **144**: 1356-1363.
(111) Adamec L. (2000). Rootless aquatic plant *Aldrovanda vesiculosa*: Physiological polarity, mineral nutrition, and importance of carnivory. *Biol Plant*. **43**: 113-119.
(112) Pavlovič A et al. (2014). Feeding on prey increases photosynthetic efficiency in the carnivorous sundew *Drosera capensis*. *Ann Bot*. **113**: 69-78.
(113) Thum M. (1988). The significance of carnivory for the fitness of *Drosera* in its natural habitat. *Oecologia*. **75**: 472-480.
(114) Adamec L. (2008). The influence of prey capture on photosynthetic rate in two aquatic carnivorous plant species. *Aquat Bot*. **89**: 66-70.
(115) Pavlovič A et al. (2009). Feeding enhances photosynthetic efficiency in the carnivorous pitcher plant *Nepenthes talangensis*. *Ann Bot*. **104**: 307-314.
(116) Ellison AM, & Gotelli NJ. (2002). Nitrogen availability alters the expression of carnivory in the northern pitcher plant, *Sarracenia purpurea*. *PNAS*. **99**: 4409-4412.
(117) Farnsworth EJ, & Ellison AM. (2008). Prey availability directly affects physiology, growth, nutrient allocation and scaling relationships among leaf traits in 10 carnivorous plant species. *J Ecol*. **96**: 213-221.
(118) Moran JA, & Moran AJ. (1998). Foliar reflectance and vector analysis reveal nutrient stress in prey-deprived pitcher plants (*Nepenthes rafflesiana*). *Int J Plant Sci*. **159**: 996-1001.

(119) Rischer H et al. (2002). *Nepenthes insignis* uses a C2-portion of the carbon skeleton of L-alanine acquired via its carnivorous organs, to build up the allelochemical plumbagin. *Phytochemistry*. **59**: 603-609.
(120) Tokunaga T et al. (2004). Mechanism of antifeedant activity of plumbagin, a compound concerning the chemical defense in carnivorous plant. *Tetrahedron Lett*. **45**: 7115-7119.
(121) Wang W, & Luo X. (2010). Terahertz and infrared spectra of plumbagin, juglone, and menadione. *Carniv Plant Newsl*. **39**: 82-88.
(122) Fasbender L et al. (2017). The carnivorous Venus flytrap uses prey-derived amino acid carbon to fuel respiration. *New Phytol*. **214**: 597-606.
(123) Osunkoya OO et al. (2007). Construction costs and physico-chemical properties of the assimilatory organs of *Nepenthes species* in Northern Borneo. *Ann Bot*. **99**: 895-906.
(124) Friday L. (1992). Measuring investment in carnivory: Seasonal and individual variation in trap number and biomass in *Utricularia vulgaris* L. *New Phytol*. **121**: 439-445.
(125) Karagatzides JD, & Ellison AM. (2009). Construction costs, payback times, and the leaf economics of carnivorous plants. *Am J Bot*. **96**: 1612-1619.
(126) Pavlovič A et al. (2007). Carnivorous syndrome in Asian pitcher plants of the genus *Nepenthes*. *Ann Bot*. **100**: 527-536.
(127) 酒井聡樹ほか (2012).「葉っぱの寿命」『生き物の進化ゲーム 大改訂版 進化生態学の最前線：生物の不思議を解く』(酒井聡樹, 高田壮則, 東樹宏和 編) 共立出版, pp. 187-206.
(128) Pate JS. (1986). *Economy of symbiotic nitrogen fixation*. In: Givnish TJ, editor. On the Economy of Plant Form and Function. Cambridge University Press; pp. 299-325.
(129) Zamora R et al. (1998). Fitness responses of a carnivorous plant in contrasting ecological scenarios. *Ecology*. **79**: 1630-1644.
(130) Friday LE. (1989). Rapid turnover of traps in *Utricularia vulgaris* L. *Oecologia*. **80**: 272-277.
(131) Méndez M, & Karlsson PS. (1999). Costs and benefits of carnivory in plants: Insights from the photosynthetic performance of four carnivorous plants in a subarctic environment. *Oikos*. **86**: 105-112.
(132) Adamec L. (2006). Root anatomy of three carnivorous plant species. *Carniv Plant Newsl*. **35**: 19-22.
(133) Brewer JS et al. (2011). Carnivory in plants as a beneficial trait in wetlands. *Aquat Bot*. **94**: 62-70.
(134) Armstrong W et al. (1991). Root adaptation to soil waterlogging. *Aquat Bot*. **39**: 57-73.
(135) Brundrett MC. (2009). Mycorrhizal associations and other means of nutrition of vascular plants: Understanding the global diversity of host plants by resolving conflicting information and developing reliable means of diagnosis. *Plant Soil*. **320**: 37-77.
(136) Pate JS, & Dixon KW. (1978). Mineral nutrition of *Drosera erythrorhiza* Lindl.

With special reference to its tuberous habit. *Aust J Bot*. **26**: 455-464.
(137) Butler JL, & Ellison AM. (2007). Nitrogen cycling dynamics in the carnivorous northern pitcher plant, *Sarracenia purpurea*. *Funct Ecol*. **21**: 835-843.
(138) Eckstein RL, & Karlsson PS. (2001). The effect of reproduction on nitrogen use-efficiency three species of the carnivorous genus *Pingilcula*. *J Ecol*. **89**: 798-806.
(139) Karlsson PS, & Pate JS. (1992). Contrasting effects of supplementary feeding of insects or mineral nutrients on the growth and nitrogen and phosphorous economy of pygmy species of *Drosera*. *Oecologia*. **92**: 8-13.
(140) Grime JP. (1977). Evidence for the existence of three primary strategies in plants and its relevance to ecological and evolutionary theory. *Am Nat*. **111**: 1169-1194.

第4章

(141) Jobson RW, & Morris EC. (2001). Feeding ecology of a carnivorous bladderwort (*Utricularia uliginosa*, Lentibulariaceae). *Austral Ecol*. **26**: 680-691.
(142) Zamora R. (1990). The feeding ecology of a carnivorous plant (*Pinguicula nevadense*): Prey analysis and capture constraints. *Oecologia*. **84**: 376-379.
(143) Adam JH. (1997). Prey Spectra of Bornean Nepenthes Species (Nepenthaceae) in Relation to their Habitat. *Pertanika J Trop Agric Sci*. **20**: 121-133.
(144) Clarke C. (2006). *Nepenthes of Borneo*. Natural History Publications (Borneo).
(145) Wells K et al. (2011). Pitchers of *Nepenthes rajah* collect faecal droppings from both diurnal and nocturnal small mammals and emit fruity odour. *J Trop Ecol*. **27**: 347-353.
(146) Di Giusto B et al. (2010). Flower-scent mimicry masks a deadly trap in the carnivorous plant *Nepenthes rafflesiana*. *J Ecol*. **98**: 845-856.
(147) Merbach MA et al. (2002). Mass march of termites into the deadly trap. *Nature*. **415**: 2-3.
(148) Ellison AM, & Gotelli NJ. (2009). Energetics and the evolution of carnivorous plants - Darwin's "most wonderful plants in the world." *J Exp Bot*. **60**: 19-42.
(149) 茂木幹義 (1999).『ファイトテルマータ』海游舎.
(150) Anderson B, & Midgley JJ. (2002). It takes two to tango but three is a tangle: Mutualists and cheaters on the carnivorous plant *Roridula*. *Oecologia*. **132**: 369-373.
(151) Jürgens A et al. (2012). Pollinator-prey conflict in carnivorous plants. *Biol Rev*. **87**: 602-615.
(152) Voigt D, & Gorb S. (2008). An insect trap as habitat: cohesion-failure mechanism prevents adhesion of *Pameridea roridulae* bugs to the sticky surface of the plant *Roridula gorgonias*. *J Exp Biol*. **211**: 2647-2657.
(153) Clarke CM et al. (2009). Tree shrew lavatories: A novel nitrogen sequestration strategy in a tropical pitcher plant. *Biol Lett*. **5**: 632-5.
(154) Grafe TU et al. (2011). A novel resource-service mutualism between bats and pitcher plants. *Biol Lett*. **7**: 436-439.
(155) Schöner MG et al. (2015). Bats are acoustically attracted to mutualistic

carnivorous plants. *Curr Biol*. **25**: 1911-1916.
(156) Greenwood M et al. (2011). A unique resource mutualism between the giant Bornean pitcher plant, *Nepenthes rajah*, and members of a small mammal community. *PLoS One*. **6**: 1-5.
(157) Scharmann M et al. (2013). A novel type of nutritional ant-plant interaction: Ant partners of carnivorous pitcher plants prevent nutrient export by Dipteran pitcher infauna. *PLoS One*. **8**.
(158) Bazile V et al. (2012). A carnivorous plant fed by its ant symbiont: A unique multi-faceted nutritional mutualism. *PLoS One*. **7**.
(159) Thornham DG et al. (2012). Setting the trap: Cleaning behaviour of *Camponotus schmitzi* ants increases long-term capture efficiency of their pitcher plant host, *Nepenthes bicalcarata*. *Funct Ecol*. **26**: 11-19.
(160) Bonhomme V et al. (2011). The plant-ant *Camponotus schmitzi* helps its carnivorous host-plant *Nepenthes bicalcarata* to catch its prey. *J Trop Ecol*. **27**: 15-24.
(161) Merbach MA et al. (2007). Why a carnivorous plant cooperates with an ant-selective defense against pitcher destroying weevils in the myrmecophetic pitcher plant *Nepenthes bicalcarata*? *Ecotropica*. **13**: 45-56.
(162) Hatano N, & Hamada T. (2012). Proteomic analysis of secreted protein induced by a component of prey in pitcher fluid of the carnivorous plant *Nepenthes alata*. *J Proteomics*. **75**: 4844-4852.
(163) Moran JA et al. (2010). Ion fluxes across the pitcher walls of three Bornean *Nepenthes* pitcher plant species: Flux rates and gland distribution patterns reflect nitrogen sequestration strategies. *J Exp Bot*. **61**: 1365-1374.
(164) Richards JH. (2001). Bladder function in *Utricularia purpurea* (Lentibulariaceae): Is carnivory important? *Am J Bot*. **88**: 170-176.
(165) Sirová D et al. (2009). Microbial community development in the traps of aquatic *Utricularia* species. *Aquat Bot*. **90**: 129-136.
(166) Sirová D et al. (2014). Dinitrogen fixation associated with shoots of aquatic carnivorous plants: Is it ecologically important? *Ann Bot*. **114**: 125-133.
(167) Moon DC et al. (2010). Ants provide nutritional and defensive benefits to the carnivorous plant *Sarracenia minor*. *Oecologia*. **164**: 185-192.
(168) Lymbery SJ et al. (2016). Mutualists or parasites? Context-dependent influence of symbiotic fly larvae on carnivorous investment in the Albany pitcher plant. *R Soc Open Sci*. **3**: 160690.
(169) Quilliam RS, & Jones DL. (2010). Fungal root endophytes of the carnivorous plant *Drosera rotundifolia*. *Mycorrhiza*. **20**: 341-348.
(170) Tagawa K et al. (2018). Pollinator trapping in selfing carnivorous plants, *Drosera makinoi* and *D. toyoakensis* (Droseraceae). *Ecol Res*. **33**: 487-494.
(171) Tagawa K et al. (2018). Hoverflies can sense the risk of being trapped by carnivorous plants: An empirical study using *Sphaerophoria menthastri* and *Drosera toyoakensis*. *J Asia Pac Entomol*. **21**: 944-946.
(172) Horner JD. (2014). Phenology and pollinator-prey conflict in the canivorous plant, *Sarracenica alata*. *Am Midl Nat*. **171**: 153-156.

(173) Meindl GA, & Mesler MR. (2011). Pollination biology of *Darlingtonia californica* (Sarraceniaceae), the California pitcher plant. *Madroño*. **58**: 22-31.
(174) Antor RJ, & García MB. (1995). A new mite-plant association: mites living amidst the adhesive traps of a carnivorous plant. *Oecologia*. **101**: 51-54.
(175) Fleischmann A et al. (2016). Where is my food? Brazilian flower fly steals prey from carnivorous sundews in a newly discovered plant-animal interaction. *PLoS One*. **11**: e0153900.
(176) 片岡博行、西本孝 (2007).「岡山県におけるモウセンゴケトリバ *Bucklerria paludum* (Zeller) の生態および分布について」『岡山県自然保護センター研究報告』**15**: 25-32.
(177) Zamora R. (1990). Observational and experimental study of a carnivorous plant-ant kleptobiotic interaction. *Oikos*. **59**: 368-372.
(178) Zamora R, & Gomez J. (1996). Carnivorous plant-slug interaction: A trip from herbivory to kleptoparasitism. *Econ Bot*. **65**: 154-160.
(179) Suárez-Piña J et al. (2016). Effect of light environment on intra-specific variation in herbivory in the carnivorous plant *Pinguicula moranensis* (Lentibulariaceae). *J Plant Interact*. **11**: 146-151.
(180) Jennings DE et al. (2010). Evidence for competition between carnivorous plants and spiders. *Proc R Soc B*. **277**: 3001-3008.
(181) Jennings DE et al. (2016). Foraging modality and plasticity in foraging traits determine the strength of competitive interactions among carnivorous plants, spiders and toads. *J Anim Ecol*. **85**: 973-981.
(182) Gibson TC. (1991). Differential escape of insects from carnivorous plant traps. *Am Midl Nat*. **125**: 55-62.
(183) Thum M. (1986). Segregation of habitat and prey in two sympatric carnivorous plant species, *Drosera rotundifolia* and *Drosera intermedia*. *Oecologia*. **70**: 601-605.
(184) Stephens JD et al. (2015). Distinctions in pitcher morphology and prey capture of the Okefenokee variety within the carnivorous plant species *Sarracenia minor*. *Southeast Nat*. **14**(2): 254-266.
(185) ベゴン Mほか (2013).『生態学 原著第四版 個体から生態系へ 第4版』(堀道雄 編) 京都大学学術出版会.
(186) Lam WN, & Tan HTW. (2018). The crab spider-pitcher plant relationship is a nutritional mutualism that is dependent on prey-resource quality. *J Anim Ecol*. : 1-12.
(187) Peng HS, & Clarke C. (2015). Prey capture patterns in *Nepenthes species* and natural hybrids - are the pitchers of hybrids as effective at trapping prey as those of their parents? *Carniv Plant Newsl*. **44**: 62-79.
(188) Franklin E et al. (2017). Exploring the predation of UK bumblebees (Apidae, *Bombus* spp.) by the invasive pitcher plant *Sarracenia purpurea*: examining the effects of annual variation, seasonal variation, plant density and bumblebee gender. *Arthropod Plant Interact*. **11**: 79-88.
(189) Anderson B. (2010). Did *Drosera* evolve long scapes to stop their pollinators from being eaten? *Ann Bot*. **106**: 653-657.

(190) Murza GL et al. (2006). Minor pollinator-prey conflict in the carnivorous plant, *Drosera anglica*. *Plant Ecol*. **184**: 43-52.
(191) Zamora R. (1999). Conditional outcomes of interactions: The pollinator-prey conflict of an insectivorous plant. *Ecology*. **80**: 786-795.
(192) Jürgens A et al. (2015). The effect of trap colour and trap-flower distance on prey and pollinator capture in carnivorous *Drosera* species. *Funct Ecol*. **29**: 1026-1037.

第5章

(193) Sadowski E-M et al. (2015). Carnivorous leaves from Baltic amber. *PNAS*. **112**: 190-5.
(194) Givnish TJ. (2015). New evidence on the origin of carnivorous plants. *PNAS*. **112**: 10-11.
(195) Palvalfi G et al. (2020). Genomes of the venus flytrap and close relatives unveil the roots of plant carnivory. *Curr Biol*. **30**: 1-9.
(196) Fukushima K et al. (2017). Genome of the pitcher plant *Cephalotus* reveals genetic changes associated with carnivory. *Nat Ecol Evol*. **1**: 0059.
(197) Krimmel BA, & Pearse IS. (2013). Sticky plant traps insects to enhance indirect defence. *Ecol Lett*. **16**: 219-224.
(198) Heil M. (2015). Extrafloral nectar at the plant-insect interface: a spotlight on chemical ecology, phenotypic plasticity, and food webs. *Annu Rev Entomol*. **60**: 213-232.
(199) Pacini E et al. (2003). Nectar biodiversity: a short review. *Plant Syst Evol*. **238**: 7-21.
(200) Fukushima K, & Hasebe M. (2014). Adaxial-abaxial polarity: The developmental basis of leaf shape diversity. *Genesis*. **52**: 1-18.
(201) Givnish TIJ et al. (1997). *Molecular evolution and adaptive radiation in Brocchinia (Bromeliaceae: Pitcairnioideae) atop tepuis of the Guayana Shield*. In: Givnish TJ, Sytsma KJ, editors. Molecular Evolution and Adaptive Radiation. Cambridge University Press; pp. 259-311.
(202) Carretero-Paulet L et al. (2015). Genome-wide analysis of adaptive molecular evolution in the carnivorous plant *Utricularia gibba*. *Genome Biol Evol*. **7**: 444-456.
(203) Schulze WX et al. (2012). The protein composition of the digestive fluid from the venus flytrap sheds light on prey digestion mechanisms. *Mol Cell Proteomics*. **11**: 1306-1319.
(204) Bemm F et al. (2016). Venus flytrap carnivorous lifestyle builds on herbivore defense strategies. *Genome Res*. **26**: 812-825.
(205) 太田啓之，関本（佐々木）結子（2010).「ジャスモン酸」『新しい植物ホルモンの科学 第2版』（小柴共一，神谷勇治 編）講談社，pp. 136-153.
(206) Ibarra-Laclette E et al. (2011). Transcriptomics and molecular evolutionary rate analysis of the bladderwort (*Utricularia*), a carnivorous plant with a minimal genome. *BMC Plant Biol*. **11**: 101.
(207) Müller K et al. (2004). Evolution of carnivory in Lentibulariaceae and the

Lamiales. *Plant Biol*. **6**: 477-490.
(208) Gould SJ, & Vrba ES. (1982). Exaptation-A missing term in the science of form. *Paleobiology*. **8**: 4-15.
(209) Carretero-Paulet L et al. (2015). High gene family turnover rates and gene space adaptation in the compact genome of the carnivorous plant *Utricularia gibba*. *Mol Biol Evol*. **32**: 1284-1295.
(210) Fleischmann A et al. (2014). Evolution of genome size and chromosome number in the carnivorous plant genus *Genlisea* (Lentibulariaceae), with a new estimate of the minimum genome size in angiosperms. *Ann Bot*. **114**: 1651-1663.
(211) Fukushima K et al. (2015). Oriented cell division shapes carnivorous pitcher leaves of *Sarracenia purpurea*. *Nat Commun*. **6**: 6450.
(212) Ibarra-Laclette E et al. (2013). Architecture and evolution of a minute plant genome. *Nature*. **498**: 94-98.
(213) Leushkin EV. et al. (2013). The miniature genome of a carnivorous plant *Genlisea aurea* contains a low number of genes and short non-coding sequences. *BMC Genomics*. **14**: 476.
(214) Vu GTH et al. (2015). Comparative genome analysis reveals divergent genome size evolution in a carnivorous plant genus. *Plant Genome*. **8**: plantgenome2015.04.0021.
(215) Whitewoods CD et al. (2020). Evolution of carnivorous traps from planar leaves through simple shifts in gene expression. *Science*. **367**: 91-96.
(216) Pavlovič A et al. (2010). Root nutrient uptake enhances photosynthetic assimilation in prey-deprived carnivorous pitcher plant *Nepenthes talangensis*. *Photosynthetica*. **48**: 227-233.
(217) Bott T et al. (2008). Nutrient limitation and morphological plasticity of the carnivorous pitcher plant *Sarracenia purpurea* in contrasting wetland environments. *New Phytol*. **180**: 631-641.
(218) Thorén LM et al. (2003). Resource availability affects investment in carnivory in *Drosera rotundifolia*. *New Phytol*. **159**: 507-511.
(219) Knight SE. (1992). Costs of carnivory in the common bladderwort, *Utricularia macrorhiza*. *Oecologia*. **89**: 348-355.
(220) Millett J et al. (2012). Reliance on prey-derived nitrogen by the carnivorous plant *Drosera rotundifolia* decreases with increasing nitrogen deposition. *New Phytol*. **195**: 182-188.
(221) 長谷部光泰 (2005).「食虫植物は普通の植物からどう進化したのか」『生物の科学 遺伝』**59**: 32-37.
(222) 長谷部光泰 (2012).「被子植物の分布形成における拡散と分断」『植物地理の自然史―進化のダイナミクスにアプローチする』(植田邦彦 編) 北海道大学出版会, pp. 121-152.
(223) Krausko M et al. (2017). The role of electrical and jasmonate signalling in the recognition of captured prey in the carnivorous sundew plant *Drosera capensis*. *New Phytol*. **213**: 1818-1835.
(224) Pavlovič A et al. (2017). Triggering a false alarm: Wounding mimics prey capture in the carnivorous venus flytrap (*Dionaea muscipula*). *New Phytol*. **216**:

927-938.
(225) Escalante-Pérez M et al. (2011). A special pair of phytohormones controls excitability, slow closure, and external stomach formation in the Venus flytrap. *PNAS*. **108**: 15492-15497.
(226) Ueda M et al. (2010). Trap-closing chemical factors of the venus flytrap (*Dionaea muscipulla* Ellis). *ChemBioChem*. **11**: 2378-2383.
(227) Nakamura Y et al. (2013). Jasmonates trigger prey-induced formation of "outer stomach" in carnivorous sundew plants. *Proc R Soc B*. **280**: 1-6.
(228) Franck DH. (1976). The morphological interpretation of Epiascidiate - An historical perspective. *Bot Rev*. **42**: 345-388.
(229) 堀田満（1975）.「単子葉植物の葉—平行脈ということ」『カラー自然ガイド 山の植物Ⅲ』（堀田満 編）保育社, pp. 116-126.
(230) Fukushima K et al. (2021) A discordance of seasonally covarying cues uncovers misregulated phenotypes in the heterophyllous pitcher plant *Cephalotus follicularis*. *Proc R Soc. B* **288**: 20202568. https://doi.org/10.1098/rspb.2020.2568.
(231) Degreef JD. (1990). *Cephalotus follicularis*: History and evolution. *Carniv Plant Newsl*. **19**: 418-419.
(232) Lee KJI et al. (2019). Shaping of a three-dimensional carnivorous trap through modulation of a planar growth mechanism. *PLoS Biol*. **17**: e3000427.
(233) Jobson RW, & Albert VA. (2002). Molecular rates parallel diversification contrasts between carnivorous plant sister lineages. *Cladistics*. **18**: 127-136.
(234) Meimberg H et al. (2000). Molecular phylogeny of Caryophyllidae s.l. based on *Mat*K sequences with special emphasis on carnivorous taxa. *Plant Biol*. **2**: 218-228.
(235) Huang T. (1978). Miocene palynomorphs of Taiwan. *Bot Ball Acad Sin*. **81**: 77-81.
(236) Degreef JD. (1997). Fossil *Aldrovanda*. *Carniv Plant Newsl*. **26**: 93-97.
(237) Meimberg H et al. (2001). Molecular phylogeny of Nepenthaceae based on cladistic analysis of plastid *trn*K intron sequence data. *Plant Biol*. **3**: 164-175.
(238) Conran JG, & Christophel DC. (2004). A fossil Byblidaceae seed from Eocene South Australia. *Int J Plant Sci*. **165**: 691-694.
(239) Li H. (2005). Early Cretaceous sarraceniacean-like pitcher plants from China. *Acta Bot Gall*. **152**: 227-234.
(240) Heřmanová Z, & Kvaček J. (2010). Late Cretaceous *Palaeoaldrovanda*, not seeds of a carnivorous plant, but eggs of an insect. *J Natl Museum*. **179**: 105-118.
(241) Wong WO et al. (2015). Early Cretaceous *Archaeamphora* is not a carnivorous angiosperm. *Front Plant Sci*. **6**: 326.
(242) Stevens PF. 2017. Angiosperm Phylogeny Website. In: Version 14, July 2017. http://www.mobot.org/MOBOT/research/APweb/ [accessed 17 Jan 2021]
(243) Ellison AM et al. (2012). Phylogeny and biogeography of the carnivorous plant family Sarraceniaceae. *PLoS One*. **7**.
(244) Albach DC et al. (2005). Piecing together the "new" Plantaginaceae. *Am J Bot*. **92**: 297-315.

(245) Refulio-Rodriguez NF, & Olmstead RG. (2014). Phylogeny of Lamiidae. *Am J Bot*. **101**: 287-299.
(246) Givnish TJ et al. (2011). Phylogeny, adaptive radiation, and historical biogeography in Bromeliaceae: Insights from an eight-locus plastid phylogeny. *Am J Bot*. **98**: 872-895.
(247) 長谷部光泰 (2016).「食虫植物の適応進化—小動物からの栄養で貧栄養地で生育」『生物の科学 遺伝』**70**: 274-278.
(248) Zotz G, & Laube S. (2005). Tank function in the epiphytic bromeliad *Catopsis sessiliflora*. *Ecotropica*. **11**: 63-68.

第6章

(249) Salafsky N et al. (2008). A standard lexicon for biodiversity conservation: Unified classifications of threats and actions. *Conserv Biol*. **22**: 897-911.
(250) 富田啓介 (2014).「湧水湿地の保全・活用と地域社会」*E-journal GEO* **9**: 26-37.
(251) 植田邦彦 (1989).「東海丘陵要素の植物地理 I. 定義」*Acta Phytotaxonimica Geobot*. **40**: 190-202.
(252) 渡邊幹男ほか (2013).「赤花型および白花型ナガバノイシモチソウの遺伝的・形態的分化」『シデコブシ』**2**: 57-64.
(253) 片岡博行、西本孝 (2004).「岡山県における外来食虫植物の侵入状況」『岡山県自然保護センター研究報告』**12**: 31-37.
(254) 片岡博行、西本孝 (2005).「岡山県における外来食虫植物の侵入状況—その2」『岡山県自然保護センター研究報告』**13**: 21-28.
(255) 片岡博行、西本孝 (2012).「岡山県における外来食虫植物の侵入状況—その3—ナガエモウセンゴケの生態および引き抜き除去について」『岡山県自然保護センター研究報告』**19**: 29-41.
(256) 角田藍那ほか (2023).「滋賀県大津市近郊の貧栄養湿地における外来植物駆除の試み」『雑草学会第62回大会要旨集』p. 82.
(257) 北村四郎 (1991).「エフクレタヌキモ、静岡県に帰化」*Acta Phytotaxonimica Geobot*. **42**: 158.
(258) Titus JE, & Grisé DJ. (2009). The invasive freshwater macrophyte *Utricularia inflata* (inflated bladderwort) dominates Adirondack Mountain lake sites. *J Torrey Bot Soc*. **136**: 479-486.
(259) Urban RA et al. (2006). An invasive macrophyte alters sediment chemistry due to suppression of a native isoetid. *Oecologia*. **148**: 455-463.
(260) 藤田昇, 遠藤彰 (1994).『京都深泥池 氷期からの自然』京都新聞社.
(261) 角野康郎 (1994).「水域の水草と動物 水草の推移」『京都深泥池 氷期からの自然』(藤田昇、遠藤彰 編) 京都新聞社、pp. 94-95.
(262) 村田源 (1994).「絶滅した植物」『京都深泥池 氷期からの自然』(藤田昇、遠藤彰 編) 京都新聞社、pp. 160-161.
(263) レッドデータブック近畿研究会 (2001).『改訂・近畿地方の保護上重要な植物—レッドデータブック近畿2001』平岡環境科学研究所.
(264) 野生動物調査協会, Envision環境保全事務所. 2007. 日本のレッドデータ検索システム. http://www.jpnrdb.com/ [accessed 12 Jan 2021]

(265) 環境省. 2012. 環境省第4次レッドリスト.
(266) Nishihara S et al. (2023). The discovery of a new locality for *Aldrovanda vesiculosa* (Droseraceae), a critically endangered free-floating plant in Japan. *J Asia-Pac Biodivers*: https://doi.org/10.1016/j.japb.2023.03.013.
(267) Kadono Y, & Tanaka J. (2015). Identity of *Utricularia siakujiiensis* (Lentibulariaceae). *J Japanese Bot*. **90**: 399-403.
(268) 京都府. 2015. 京都府レッドデータブック2015. http://www.pref.kyoto.jp/kankyo/rdb/index.html [accessed 12 Jan 2021]
(269) 小宮定志ほか (1997). 「北海道産の食虫植物」『日本歯科大学紀要』**26**: 153-188.
(270) Kameyama Y, & Ohara M. (2006). Genetic structure in aquatic bladderworts: clonal propagation and hybrid perpetuation. *Ann Bot*. **98**: 1017-1024.
(271) 田村道夫 (1981). 「タヌキモ科 LENTIBULARIACEAE」『日本の野生植物 草本 III 合弁花類』(佐竹義輔ほか編) 平凡社, pp. 137-139.

付録1　分類と各論（簡易版）

ディオンコフィルム科 Dioncophyllaceae

トリフィオフィルム属 *Triphyophyllum*

捕虫様式　鳥もち式

生育地　シエラレオネ，リベリア

種類　*Triphyophyllum peltatum* のみ

名前の由来　*Triphyophyllum* は「三つの葉」，*peltatum* は「盾状の」を意味する．英名では Hook-leaf とも呼ばれる．

モウセンゴケ科 Droseraceae

ムジナモ属 *Aldrovanda*

捕虫様式　はさみ罠式

生育地　南北アメリカ大陸，南極大陸を除く世界中に点在

種類　*Aldrovanda vesiculosa* のみ

名前の由来　*Aldrovanda* はイタリアの科学者 Ulisse Aldrovandi に対する献名．*vesiculosa* は「小胞から成るように見える」という意味．英名では Waterwheel plant と呼ばれる．和名のムジナモは「狢藻」と書く．

ハエトリグサ属 *Dionaea*

捕虫様式　はさみ罠式

生育地　アメリカ合衆国（ノースカロライナ州，サウスカロライナ州）

種類　*Dionaea muscipula* のみ

名前の由来　*Dionaea* はギリシャの美の女神 Dione に由来し，種小名 *muscipula* は「ネズミ捕り」を意味する．英名 Venus fly trap も「女神のハエ捕り罠」という意味．和名もハエ取り罠に見立てて「ハエトリグサ」である．

モウセンゴケ属 *Drosera*

捕虫様式　鳥もち式

生育地　南極大陸を除く世界中

種類　*Drosera rotundifolia* など 193 種以上

名前の由来　*Drosera* は「露を帯びたもの」という意味．英名 Sundew は「太陽の滴」という意味．モウセンゴケ属の多くにつけられる和名モウセンゴケは「毛氈苔」と書く．日本のモウセンゴケ属にはイシモチソウが存在するが，これは「石持草」と書く．

ドロソフィルム科 Drosophyllaceae

ドロソフィルム属 *Drosophyllum*

捕虫様式　鳥もち式

生育地　スペイン，モロッコ，ポルトガル

種類　*Drosophyllum lusitanicum* の 1 種のみ

名前の由来　*Drosophyllum* は「露を帯びた葉」を意味し，種小名 *lusitanicum* は「ポルトガル産の」という意味．英名では dewy pine や slobbering pine と呼ばれる．和名ではイシモチソウモドキがあり，「石持草擬」と書く．

ウツボカズラ科 Nepenthaceae

ウツボカズラ属 *Nepenthes*

捕虫様式　落とし穴式

生育地　オーストラリア北東部，ニューカレドニア，東南アジア，インド，スリランカ，セーシェル，マダガスカル

種類　*Nepenthes alata* など 131 種以上

名前の由来　*Nepenthes* は「憂いをなくすもの」を意味する．英語では Asian pitcher plant や Tropical pitcher plant と呼ばれる．pitcher plant は「嚢状葉植物」という意味．和名の「ウツボカズラ」は「靫蔓」と書く．

ロリドゥラ科 Roridulaceae

ロリドゥラ属 *Roridula*

捕虫様式　鳥もち式

生育地　アフリカ大陸南部ケープ地域

種類　*Roridula dentata*, *R. gorgonias*

名前の由来　*Roridula* は「露で覆われたもの」という意味．和名はムシトリノキがあり，そのまま「虫捕りの木」である．

サラセニア科 Sarraceniaceae

ダーリングトニア属 *Darlingtonia*

捕虫様式　落とし穴式

生育地　アメリカ合衆国カリフォルニア州，オレゴン州

種類　*Darlingtonia californica* のみ

名前の由来　*Darlingtonia* は，フィラデルフィアの植物学者 William Darlington への献名．*californica* は「カリフォルニア産の」という意味．英名はいくつかあるが，代表的なのは “Cobra lily”．ほかにも California pitcher plant がある．和名はランチュウソウであり，「蘭鋳草」と書く．

ヘリアンフォラ属 *Heliamphora*

捕虫様式　落とし穴式

生育地　ベネズエラ，ブラジル，ギアナ

種類　*Heliamphora minor* など 23 種以上

名前の由来　*Heliamphora* はギリシャ語で *helos*「湿地」と *amphoreus*「壺」で「湿地の壺」を意味する．英名では Marsh pitcher plant や South American pitcher plant と呼ばれる．和名とされるものに「キツネノツメガイソウ」と「キツネノメシガイソウ」というものが存在する．後者は「狐の飯匙草」と書くとされる．

サラセニア属 *Sarracenia*

捕虫様式　落とし穴式

生育地　北アメリカ大陸の東部，南東部

種類　*Sarracenia leucophylla* など 11 種

名前の由来　*Sarracenia* はカナダの植物学者 Michel Sarrazin への献名．英名では North American pitcher plant と呼ばれる．和名でつけられるヘイシソウは「瓶子草」と書く．

ビブリス科 Byblidaceae

ビブリス属 *Byblis*

捕虫様式　鳥もち式

生育地　オーストラリア大陸（ウエスタンオーストラリア州，ノーザ

ンテリトリー準州)，ニューギニア

種類　*Byblis liniflora* など7種以上

名前の由来　*Byblis* はギリシャの泉の女神 Byblis にちなむ．英名では Rainbow plants と呼ばれる．

タヌキモ科 Lentibulariaceae

ゲンリセア属 *Genlisea*

捕虫様式　迷路式

生育地　アフリカ大陸，マダガスカルおよび南アメリカ大陸

種類　*Genlisea aurea* など26種以上

名前の由来　*Genlisea* はフランスの文章家，教育者の Comtesse Stéphanie-Félicité du Crest de Saint-Aulbin de Genlis（Madame de Genlis）への献名．英名では corkscrew plant と呼ばれる．

ムシトリスミレ属 *Pinguicula*

捕虫様式　鳥もち式

生育地　南北アメリカ大陸，ユーラシア大陸，アフリカ大陸

種類　*Pinguicula vulgaris* など99種以上

名前の由来　*Pinguicula* は「脂ぎったもの・太ったもの」を意味する．英名では butterwort と呼ばれる．和名でつけられるムシトリスミレは「虫捕菫」と書く．日本固有種のコウシンソウは産地のひとつ庚申山に由来する．

タヌキモ属 *Utricularia*

捕虫様式　吸い込み式

生育地　南極大陸を除く世界中

種類　*Utricularia macrorhiza* など233種以上

名前の由来　*Utricularia* は「小嚢」を意味する．英名では bladderwort と呼ばれる．和名でつけられるタヌキモやミミカキグサはそれぞれ「狸藻」と「耳掻草」と書く．

オオバコ科 Plantaginaceae

フィルコクシア属 *Philcoxia*

捕虫様式　鳥もち式

生育地　ブラジルのセラード
種類　*Philcoxia bahiensis*, *P. goiasensis*, *P. minensis*
名前の由来　*Philcoxia* はキュー王立植物園の植物学者デイヴィッド・フィルコックスへの献名．英名で見かけるものもなく，また和名もない．

フクロユキノシタ科 Cephalotaceae

フクロユキノシタ属 *Cephalotus*

捕虫様式　落とし穴式
生育地　オーストラリア（ウエスタンオーストラリア州）
種類　*Cephalotus follicularis* のみ
名前の由来　*Cephalotus* は「頭状のもの」，*follicularis* は「小胞」を意味する．英名では Austrarian pitcher plant と呼ばれる．和名はフクロユキノシタで「袋雪の下」と書く．

アナナス科 Bromeliaceae

ブロッキニア属 *Brocchinia*

捕虫様式　落とし穴式
生育地　ブラジル，ギアナ，コロンビア，ベネズエラ
種類　*Brocchinia hechtioides*, *B. reducta*
名前の由来　*Brocchinia* はイタリアの自然学者 Giovanni Battista Brocchi への献名．英名で見かけるものもなく，また和名もない．

カトプシス属 *Catopsis*

捕虫様式　落とし穴式
生育地　北アメリカ大陸フロリダ半島南端〜ブラジル東部
種類　*Catopsis berteroniana* のみ
名前の由来　*Catopsis* は「垂れ下がって現れるもの」を意味する．英名で見かけるものはなく，和名もない．

付録 2　日本の食虫植物

ここでは日本に分布する食虫植物を列挙している．ごく簡単な分類，学名と，日本固有種，外来種に関するマークを掲載したので参考にしてほしい．

●モウセンゴケ科

・ムジナモ属

ムジナモ *Aldrovanda vesiculosa* L.

・モウセンゴケ属

ナガバノモウセンゴケ *Drosera anglica* Huds.

ナガバノイシモチソウ *Drosera indica* L.

ナガエモウセンゴケ *Drosera intermedia* Hayne **（外来種）**

イシモチソウ *Drosera peltata* Thunb. var. *nipponica*（Masam.）Ohwi

モウセンゴケ *Drosera rotundifolia* L.

コモウセンゴケ *Drosera spatulata* Labill.

トウカイコモウセンゴケ *Drosera tokaiensis*（Komiya et C. Shibata）T. Nakam. et K. Ueda

●タヌキモ科

・ムシトリスミレ属

ムシトリスミレ *Pinguicula vulgaris* L. var. *macroceras*（Pall. ex Link）Herder

コウシンソウ *Pinguicula ramosa* Miyoshi **（固有種）**

・タヌキモ属

ノタヌキモ *Utricularia aurea* Lour.

イヌタヌキモ *Utricularia australis* R. Br.

ミミカキグサ *Utricularia bifida* L.

ホザキノミミカキグサ *Utricularia caerulea* L.

フサタヌキモ *Utricularia dimorphantha* Makino **（固有種）**

イトタヌキモ（ミカワタヌキモ）*Utricularia exoleta* R. Br.

オオバナイトタヌキモ *Utricularia gibba* L. **（外来種）**

エフクレタヌキモ *Utricularia inflata* Walter **（外来種）**

コタヌキモ *Utricularia intermedia* Heyne

オオタヌキモ *Utricularia macrorhiza* Le Conte
ヒメタヌキモ *Utricularia minor* L.
ヒメミミカキグサ *Utricularia minutissima* Vahl
ヤチコタヌキモ *Utricularia ochroleuca* R. Hartm.
ムラサキミミカキグサ *Utricularia uliginosa* Vahl
タヌキモ *Utricularia* x *japonica* Makino

付録3　用語解説

ここでは，本文中でとくに断りなく使った用語について，簡単な解説を行う．本文を読んでいて理解できない用語はここを参考にしていただければ幸いである．

遺伝子汚染（genetic pollution）

外来種や外来個体群の個体が侵入し，交雑することで生じる在来個体群の遺伝子構成の変化．遺伝子レベルの変化であるため，一見したところでは汚染が発覚しにくかったり，汚染の除去が困難であったりする．また，交雑による外来種の侵略性の獲得も問題視されることがある．

ATP

アデノシン三リン酸（adenosine triphosphate）の略語．生物体内におけるエネルギー通貨．外部から得た光エネルギーや化学エネルギーは，ATP として貯蔵される．ATP が分解される際に生じる化学エネルギーは，生物体内のさまざまな現象に利用される．

科（family）

属よりも上位の階層で，近縁な属をまとめたもの．食虫植物を含むのは，ディオンコフィルム科，モウセンゴケ科，ドロソフィルム科，ウツボカズラ科，ロリドゥラ科，サラセニア科，ビブリス科，タヌキモ科，オオバコ科，フクロユキノシタ科，アナナス科の 11 科．

距（spur）

花弁の基部の一部が膨らみ，管状となった部分で，蜜が溜まる構造となっている．

偽葉（仮葉）（phyllode）

葉身と葉柄が明瞭に区別できるもののうち，葉身は退化するか別の役割を担い，葉柄や托葉が光合成の役割を担うようになった葉のこと．たとえば，ウツボカズラ属の葉柄が典型的である．ほかの種では，アカシア属やタクヨウレンリソウなどが例として挙がる．

共生者（symbiont）

ある生物と生活を共にする生物.「共生」という言葉からは,「互いに利益がある（相利共生）」というニュアンスが感じ取れるが, それ以外にも「片方にしか利益がない場合（片利共生）」やときに「片方に害がある場合（寄生）」も含む.

菌根共生（mycorrhizal symbiosis）

植物が菌根菌（mycorrhiza）と結ぶ共生関係. ほとんどすべての維管束植物が菌根共生をしているといわれる. 多くは相利共生（→「共生者」参照）であり, 植物側は光合成由来の糖類を菌根菌に, 菌根菌側はその細みの体を活かして土壌間隙から無機栄養を植物に提供する. 一方, 菌従属栄養植物（腐生植物）は一方的に菌根菌を利用し, 菌根菌に寄生している.

近交弱勢（inbreeding depression）

血縁の近い個体どうしの交配により生じた子どもが, 生育や生存に不適な性質を示すこと. 有害な遺伝子はしばしば潜性なのでその遺伝子をヘテロ（異なる遺伝子を有している状態）で有していても表現型に現れることはない. しかし, 血縁が近い個体は相手も同じ遺伝子を持っている可能性が高いので, 血縁の近い個体どうしの交配により有害遺伝子がホモ化（同じ遺伝子を有している状態）して表現型に現れる. 植物の場合, とくに花に雄しべと雌しべがある種は, 自分の花粉が自分の雌しべに受粉する（自殖）という,「もっとも血縁関係の近い個体」どうしの交配が起こりえるので, 近交弱勢は大きな問題となる.

クチクラ（cuticular）

植物体表面を覆うワックス. とくに乾燥地の植物では発達し, 植物体内から水が蒸発するのを防ぐなどの役割がある.

クレード（clade）

→「単系統」参照

形質（trait）

生物の持つ性質や特徴．食虫植物でいえば，食虫性に関するもの，たとえば，蜜を分泌するか，どんな色を発色するかなど．表現型（phenotype）と混同されやすいが，表現型は形質が目に見えて表れたものをいう．たとえば，蜜を分泌する，赤色を発色することなど．

系統的制約（phylogenetic constraint）

生物が適応的に進化する過程で生じた，近縁種間・種内で共有する性質によって受ける進化的な制約．たとえば，ある過去の植物種Oが背丈の低くなるような選択を受けて進化し，背丈の低い種群 L_i が生じたとする．仮に種 L_1 が，背丈が高いほうが有利な環境に進出したとしても，すぐには背丈を高くするように進化できない．なぜなら，種 L_1 が生じる過程で背丈の高い個体（背を高くする遺伝子を有する）は排除され，背丈のより低い個体（背を低くする遺伝子を有する）が生き残ってきたために，背丈を高くする遺伝子が種 L_1 にはもはや残されていないためである．この意味で，種群 L_i は背丈を高くすることに関して系統的制約を受けている．これは理解しやすい例だが，たとえば食虫植物のように食虫性を獲得する過程で一緒に変化してきた性質，光合成能力の低下が系統的制約となる場合もある．

ゲノム（genome）

生物が持つ遺伝子全体のこと．二倍体生物であれば，生殖細胞に含まれる遺伝子や染色体全体のことを指すこともある．つまり，二倍体生物ではゲノムを2セット持つと考える．

ケランガス（kerangas）

ボルネオに成立する白砂の砂地．貧栄養，酸性土壌が特徴で，その影響か植物が少なく，日当たりもよい．ボルネオ，イバン族の言葉で「コメの育たない土地」という意味．

個体群（集団）（population）

ある一定範囲に生育・生息する生物1種のまとまり．ある一定範囲とは，個体どうしが相互作用する範囲であり，この相互作用で結ばれたまとまりが個

体群である．相互作用には，資源をめぐる競争や繁殖などがある．生態学では“population”を「個体群」と訳すが，進化学では「集団」と訳す．両者に微妙なニュアンスの違いはあるが，ほぼ同じものである．

柵状組織（palisade tissue）
通常の葉の横断面を見たとき，向軸側に認められる葉面に垂直な細胞が比較的密に並んだ構造．一方，海綿状組織（spongy tissue）は，背軸側に認められる不規則な形の細胞からなる，空隙の多い構造．

雑草性（weedness）
雑草的な性質．たとえば，富栄養な条件に素早く応答する性質や攪乱環境下で旺盛な繁殖をする性質など．コラム 4 の攪乱依存戦略も参照．

酸化還元電位（redox potential, oxidation-reduction potential）
物質の電子の放出のしやすさ，受け取りやすさの定量的指標．この値が低いと嫌気的・還元的な環境で，一方高いと好気的・酸化的な環境といえる．湿地のような酸素の少ない環境では，深い土壌中で酸化還元電位は低くなり，ゆえに還元体（H_2S，NH_3，CH_4，Fe^{2+} など）の発生が認められる．

シノニム（synonym）
同一のものに与えられた別の名前．この場合，ある 1 種の生物に与えられた複数の名前を指す．ただし，正式な学名はただひとつと決まっているため，あるひとつの学名（通常は，一番最初につけられたもの）以外は，正式な学名とは認められない．

ジャスモン酸類（jasmonate）
植物ホルモンの一種．傷害応答に関係していることがとくによく知られている．通常の植物においては，食害を受けたときに生合成が促進され，防御応答を引き起こす．しかし，食虫植物ではそれ以外にモウセンゴケの屈曲運動，ハエトリグサの閉塞運動に関係していることが明らかとなっている．

種（species）
生物の分類における基本単位．何をもって「種」と呼ぶかは難しいが，よく用いられる概念としては，生殖能力のない子どもしか残せない，もしくは交配できない生物どうしは互いに別種であると考えるものがある（生物学的種概念）．

従属栄養生物（heterotroph）
生育のために有機化合物を利用する，たとえば植物や動物を食べる動物など．食虫植物，寄生植物および菌従属栄養植物も，獲物，ほかの植物や菌根菌に依存しているので部分的，もしくは完全な従属栄養生物である．対義語は独立栄養生物（→「独立栄養生物」参照）．

種分化（speciation）
→「進化」参照

盾状葉（peltate leaf）
葉身の縁以外から，葉柄が出ている葉のこと．代表的なものにハスの葉がある．

小葉（leaflet）
葉身が2個以上の部分に完全に分裂した葉を複葉（compound leaf）と呼び，小葉とは複葉を構成する個々の葉のことをいう．

食虫性（carnivory）
小動物を，誘引，捕獲，分解，分解産物を吸収，自身の生育に役立てるという，食虫植物に備わる性質そのもの．

食虫性シンドローム（carnivorous syndrome）
食虫植物に特徴的な，食虫性の付与する形質群．シンドロームとは形質が組み合わさって表れることである．小動物を養分として効率よく利用するためには，誘引，捕獲，分解，分解産物を吸収，自身の生育に役立てる能力，それぞれ単独で備えていては意味がない．したがって，食虫植物は必ず上記の能

力（形質）が組み合わさっており，それを食虫性シンドロームと呼ぶ．

食虫植物（carnivorous plant, insectivorous plants）

小動物を，誘引，捕獲，分解し，分解産物を吸収し，自身の生育に役立てる植物の総称．小動物を効率よく利用できるように，特殊な構造となった葉（捕虫器）を有するのが普通である．各系統群で，いくつかの食虫植物が，独立に進化しており，系統を反映した分類ではない〔人為分類（→「人為分類」参照)〕．

食物網（food web）

喰う喰われるの関係が，食物連鎖のような一直線ではなく網のようにつながったもの．

人為分類（artificial classification）

人間があらかじめ決めたある特徴に基づいて行われる分類．たとえば，食虫植物は食虫性という特徴に基づいて分類したものである．分類の基準となった特徴が必ずしも実際の系統を反映するとは限らない．対義語は，自然分類．

進化（evolution）

生物の形質が世代を経るにつれて次第に変化していくこと．具体的には，世代を経た遺伝子頻度の変化として定義される．進化が起こるためには条件があり，(1) 集団（個体群）中に形質の変異（多様性）が存在する，(2) 形質の変異は遺伝する（つまり，形質に対応した遺伝的変異が存在する)，(3) 何らかの要因によって遺伝子頻度が変化する，ことが必要である．とくに，(3) については選択（→「選択」参照）と遺伝的浮動が考えられる．これらの条件がそろってはじめて，世代を経たときに遺伝子頻度が変化し，そして形質も変化する．このような形質（遺伝子頻度）の変化を小進化（micro-evolution）と呼ぶ．

さらに，それぞれの集団が小進化していく過程で，両者が互いに交配できなくなる，つまりもともとひとつの種だったものがふたつの種に分かれることを種分化（speciation）といい，大進化（macro-evolution）に分類される．

大前提として (1) の集団中に形質の変異が存在することが必要だが，この

源となるのが遺伝子の突然変異である．突然変異はランダムに起きるため，起きた変異は有利にも，不利にも，中立にもなりえる．このような変異の蓄積に方向性を与えるのが自然選択であるが，自然選択も結局はある環境で有利ではなかった個体をふるい落とすだけである．これが「進化には目的性がない」といわれるゆえんである．たとえば，目的論的な「高い所にある葉を食べたいので首が長くなった」というような文言に対して，進化は「高い所にある葉を食べたかろうが，そうでなかろうが，首の長い個体はランダムに生じえ，低いところにある葉が食べ尽くされたような環境で首の長い個体が有利だった」という説明をする．

遷移（植生遷移）（succession）
植物が生育することによる環境形成作用が原因となって，時間とともに生育地の環境や種組成が変化していくこと．たとえば，火山の噴火によって裸地となった場所に，地衣類などが侵入して初期の土壌を形成し，つづいて草本植物が侵入して土壌の発達が促され，さらに低木，高木が侵入，最終的に暗い森になる，というような過程．

選択（selection）
ある形質の変異が選ばれる過程．とくに，自然環境が特定の形質を「選ぶ」場合を自然選択（natural selection）という．（特定の形質Aが有利になるような）特定の環境にさらされることを「（形質Aが有利になるような）選択圧を受ける」と表現することがある．もちろん，自然が「選ぶ」というのは擬人化した表現である．実際は，ある自然環境において特定の形質を有していたものが有利なためにたくさん子どもを残すので，有利な形質を発現させる遺伝子が集団中に広まっていくことをいう．一方，人為選択（artificial selection）は，人間が数ある形質のなかから家畜や栽培植物に対して望む形質を選ぶという意味で，まさに「選択」である．

前適応（exaptation, pre-adaptation）
生物が環境に適応するにあたり，過去にある役割を有していた形質もしくは過去の適応の副産物が，別の役割に転用されること．ある形質を有していることが，現在の環境で有利であっても，過去には必ずしもその形質が同じ意

味を持っていたとは限らない．たとえば，第5章で紹介した例としては，食虫植物の消化酵素がある．消化酵素は，もともとは病原菌を殺すのに有利だったため選択されたと考えられる．決して，はじめから獲物を分解するのに有利だったために選択されたわけではないであろう．おそらく食虫植物の起源となった植物は，病原菌を殺す消化酵素を有していたことが，獲物を分解するのにも有利に働いて，食虫植物に進化したと考えられる．つまり，病原菌の分解から，獲物の分解へ役割を変えているので，前適応と考えられる．

属（genus）

種よりも上位の階層で，近縁な種をまとめたもの．また，属よりも下だが，種より上の分類群として亜属（subgenus）や節（section）がある．

耐性（tolerance）

防御策を有するために，防御の対象となっているストレスや攪乱によって植物体が枯死しないこと．たとえば，貧栄養耐性や貧酸素耐性．ほかにも，乾燥耐性や除草剤耐性，病虫害耐性などもある．

耐性は，厳密には狭義の耐性（抵抗性）（resistance）と逃避（avoidance）に分けられる．前者は，生理的にストレスや攪乱を克服するものを指す．後者は，ストレスや攪乱が低減する時期に生育するものを指す．砂漠の植物を例にとれば，サボテンは乾燥に対して水を貯蓄するなどの狭義の耐性を有している．一方で，砂漠の雨季に一斉に発芽する植物は，乾燥ストレスの低減する時期に生育しているので，詳細に見れば乾燥ストレスから〝逃避〟している．そのかわり，生育不適な時期は種子で過ごしている．詳細に見ると，食虫植物は貧酸素からは逃避しているが，貧栄養には狭義の耐性を有しているといえる．

単系統（monophyly）

ある系統から出現したすべての生物種を含む系統的なまとまりのこと．クレードともいわれる．食虫植物は，複数の系統から独立に出現しており，単系統ではない．

超塩基性岩（ultrabasic rock）

二酸化ケイ素の重量割合が45%以下の火成岩の総称．化学で使われる「塩基

性」とは意味が異なる．そのため紛らわしいが，この岩が基質となった土壌でも酸性を示す．

泥炭（peat）
植物遺骸が低温，嫌気条件などで十分に分解されることなく蓄積したもの．栽培においては，しばしばミズゴケが泥炭化したピートモスが利用される．

適応（adaptation）
生物がある環境で，生活，生存，繁殖するのに有利な形質を有していること．適応の度合いは，適応度で評価する．

適応度（fitness）
ある生物がどれほど環境に適応しているかの指標．より環境に適応していれば，その個体は多くの子どもを残すことになるであろうから，その個体が生涯に産んだ「子どもの数」や「繁殖まで生き残った子ども数」がその値とされることが多い（ただし後者のほうがより適切）．しかし，追跡調査はしばしば困難であるので，より大きな個体やより競争力のある個体はたくさんの子どもを残すであろうという仮定のもと，短期間で測れる「成長量（速度）」や「生物体量（バイオマス）」がその指標となることもある．

デトリタス（detritus）
リターを含めた，生物遺骸，排泄物などに起因する有機物粒子．

同位体（isotope）
同種原子のなかで中性子の数が異なるものどうしの関係．これらのうち，放射線を発して崩壊するものを放射性同位体と呼び，しばしば生物体内への原子の移行を調べるのに使われる．

独立栄養生物（autotroph）
二酸化炭素などの無機化合物のみを炭素源とし，光エネルギーや化学エネルギーを利用して生育する生物．多くの植物が含まれる．対義語は従属栄養生物（→「従属栄養生物」参照）．

トレードオフ（trade-off）
資源が有限であるため，資源を何かに投資すると，別の何かに投資できなくなるという関係．たとえば，樹木の高さと太さはトレードオフであろう．しかし，片方に投資しつづけることが必ずしも有利になるとは限らない．高くなれば折れないために太くなる必要があるし，太いだけではほかの高い木に競争で負けてしまうかもしれない．どちらにどれだけの配分で投資するのが有利かは環境依存的である．

表現型可塑性（phenotypic plasticity）
同じ遺伝子型でありながら，環境条件によって表現型が変化すること，もしくは表現型を変える生物の能力．

ファイトテルマータ（phytotelmata）
植物体上にできる水溜まり．たとえば，樹洞やアナナス科の中央部にできるもの．落とし穴式捕虫器にできる水溜まりもファイトテルマータである．しばしば，ファイトテルマータでは独特な生態系ができあがる．

分裂葉（lobed leaf）
切れ込みのある葉のこと．

苞（bract）
花を包む葉のこと．花を保護する役割を果たすと考えられている．

捕虫器（罠，捕虫葉）（trap, insecti-vorous leaf）
小動物を誘引，捕獲，分解，分解産物を吸収するために特殊化した葉．

埋土種子集団（seed bank）
休眠性のある種子が土壌に蓄積したもの．とくに攪乱依存戦略では，埋土種子集団からの発芽が個体群の維持に重要である．

メソコスム（mesocosm）
自然環境の一部をシートなどで区切り，実験操作することで野外の現象を明

らかにする実験装置．たとえば，野外で水域を一部区切ることや，水槽を設置することで区切り，実験操作を行う．

メタ個体群（meta-population）
局所個体群どうしが複数集まり，それぞれの個体群が発生と消滅を繰り返し維持されているもの．

目（order）
科よりも上位の階層で，近縁な科をまとめたもの．食虫植物を含むのは，ナデシコ目，ツツジ目，シソ目，カタバミ目，イネ目の5目．

モデル植物（model plant）
とくに分子生物学において，生命現象の研究に利用される植物のこと．被子植物では，シロイヌナズナやイネがよく用いられる．利用しやすさの観点から，ゲノムサイズが小さい，栽培が簡単，実験操作が容易などの条件を満たしたものが選ばれる．

野生絶滅（wild extinction）
自然条件下の本来の生育場所では観察されず，飼育・栽培下でのみ維持されている状態．

リター（落葉落枝）（litter）
植物から発生する落葉や落枝．林床では豊富に存在する．

労働寄生（kleptoparasitism, cleptoparasitism）
寄生者が宿主から直接的に養分を搾取するのではなく，労働（捕獲した餌など）を搾取するかたちの寄生．

ロゼット（rosset）
茎がほとんど伸びず，葉がバラの花状に地表面に平たく配置された状態．代表的なものはセイヨウタンポポの冬の様子．

野村　康之（のむら・やすゆき）

1991 年、鳥取県生まれ。2019 年、京都大学大学院農学研究科博士後期課程修了。博士（農学）。現在、龍谷大学研究部博士研究員。

専門は、雑草学、植物生態学。おもな研究テーマは、イネ科多年生雑草チガヤの生態型間の雑種形成、シロイヌナズナやコムギを用いたトランスクリプトーム解析。

DOJIN 選書　097

あなたの知らない食虫植物の世界

驚きの生態から進化の秘密まで、その魅力のすべて

第 1 版　第 1 刷　2023 年 6 月 20 日

検印廃止

著　　者　野村康之
発 行 者　曽根良介
発 行 所　株式会社化学同人
600-8074　京都市下京区仏光寺通柳馬場西入ル
編集部　TEL：075-352-3711　FAX：075-352-0371
営業部　TEL：075-352-3373　FAX：075-351-8301
振替　01010-7-5702
https://www.kagakudojin.co.jp　webmaster@kagakudojin.co.jp
装　　幀　BAUMDORF・木村由久
印刷・製本　創栄図書印刷株式会社

ISBN978-4-7598-2175-8

本書のご感想をお寄せください

DOJIN選書・好評既刊

チョウの翅は、なぜ美しいか
――その謎を追いかけて

今福道夫

構造色で、キラキラと翅を輝かす小さなチョウ、ミドリシジミ。中学生のとき、その姿に魅せられた動物行動学者が、日本の野山に分け入り彼らの生態を探し求める。

20XX年のパンデミック
――致死的感染症との闘いから考える未知のパンデミックへの備え

浦島充佳

パンデミックの裏で紡がれた人間ドラマに焦点を当て、ありうる未知の感染症パンデミックの可能性を仮想シナリオとして提示し、日本と世界の対応をシミュレートする。

民間療法は本当に「効く」のか
――補完代替療法に惑わされないためのヘルスリテラシー

大野智

補完代替療法とどう向き合うか。医師として実際に経験した事例をもとに、情報を読み解くポイントを丁寧に解説する。民間療法の落とし穴にはまらないために。

昆虫食スタディーズ
――ハエやゴキブリが世界を変える

水野壮

「虫は資源」と考えれば、害虫として嫌われてきたハエやゴキブリも、飼料、宇宙、培養肉など、活躍の場は無限大。昆虫との新しい共存のかたちを探る。毛利衛氏推薦！

ゾウが教えてくれたこと
――ゾウオロジーのすすめ

入江尚子

ゾウを知り、ゾウから学ぶ「ゾウオロジー」。記憶力、絵を描く能力、そして家族愛まで。知っているようで知らないゾウの魅力を、あたたかな筆致で綴る。

DOJIN選書・好評既刊

いいかげんなロボット
――ソフトロボットが創るしなやかな未来

鈴森康一

全長二〇メートルのロボットアーム、大腸内を自走するロボットなど、従来のロボットとは異なる発想で生まれたソフトロボット。その可能性を大いに語る。

極端豪雨はなぜ毎年のように発生するのか
――気象のしくみを理解し、地球温暖化との関係をさぐる

川瀬宏明

線状降水帯や、大気の状態が不安定など、豪雨をもたらす要因を気象のメカニズムからわかりやすく解説する。豪雨への備えがわかる一冊。

新型コロナ　データで迫るその姿
――エビデンスに基づき理解する

浦島充佳

死亡リスクを上げる因子、世界の死亡率格差が大きい理由、ワクチンの有効性、効果が期待される治療薬など、医学論文を読み解いて示される科学的根拠。

タコは海のスーパーインテリジェンス
――海底の賢者が見せる驚異の知性

池田譲

タコの知性と身体をキーワードに、学習、記憶、道具使用、社会性など、いまだ多くの謎に包まれたその素顔に迫る。このタコを見よ！

日本に現れたオーロラの謎
――時空を超えて読み解く「赤気」の記録

片岡龍峰

鎌倉時代の『明月記』、江戸時代の『星解』、昭和三三年の連続写真、さらに『日本書紀』の赤気。日本オーロラ史をひもとく、時空を超えた旅が始まる。